有趣到睡不著的生物學

哈

面白くて眠れなくなる生物学

螞蟻和人工智慧有關？

長谷川英祐 著　陳朕疆 譯

目錄

Part 1

生物皆有規則：讀懂生物課

Part 2

想說給別人聽的生物故事

Part 3

有趣到睡不著的生物學

Aa
Bb
ab
?
!

前言

生命的一切都有原因

許多人可能有在中學時學過生物，生物教科書會從細胞開始談起，陸續講到生殖與發育、遺傳、刺激與動物反應、體內環境與恆定性、環境與植物反應等主題。書中常可看到「細胞內有許多小小的胞器，每個胞器都有各自特定的功能」之類的細節說明。

乍看之下，每個主題之間似乎沒什麼關聯。考試中會出現「粒線體是細胞內的胞器，請問以下哪個選項是粒線體的功能？」或者是「檸檬酸循環中，會生成多少個氫原子？生成多少個ATP分子？」之類的細節問題。對大多數人來說，若想在考試中得高分，就必須把教科書中的所有內容鉅細靡遺的背下來才行。

◇

和其他自然科（物理、化學、地球科學）相比，生物教科書特別厚，常讓許多人覺得「要記的東西太多」而不喜歡生物。某些原本喜歡生物的人，看到如此繁重的課程內容後，反而開始感到痛苦，進而討厭起了生物。實在是可惜可惜可惜可惜可惜了！（編註：日本動漫JOJO式吶喊）

確實，生物的行為與現象既多樣又複雜。生命活動是根據物理、化學的基本規則而進行的，能夠獨立生存的生物，會與周圍環境產生各種交互作用，形成高度複雜的生態現象，這些都屬於生物學的範疇。為了將各種現象都納入討論，使教科書變得相當厚重。

地球上的第一個生命約在三十八億年前誕生，經過漫長的演化後，才形成了現在多彩多姿的生物圈。所謂的演化，是依循某種規則進行的過程，因此，現在地球上令人眼花撩亂的生物多樣性，其實可以透過物理、化學所遵循的單純原則以及演化的規則來理解。

了解生物演化的原則，並用物理、化學的原理和生命的現象互相連結，如此一來，生物圈多彩多姿的現象就會變得好懂許多。人們通常不擅長死背，而歷史是常與生物並列的背誦科目，讀歷史的時候，我們常需要記下某事件發生在哪個年份，這時候如果用數字的諧音來記憶年份的話，就會變得好記許多。譬如我們可以用「鎌倉幕府要創造好國家（一一九二）」這個口訣，來記住鎌倉幕府的建立時間是一一九二年。（譯註：日語的「好國家」音同「一一九二」）

許多日本學生會用「水兵リーベ僕の船……」這段有情境的句子，來背誦化學元素週期表，這段話的發音與日語的「氫氦鋰鈹硼碳氮氧氟氖」相近，可以幫助記憶，因為人們記住有意義的句子相對容易許多。也就是說，只要明白生物學有什麼意義，要記住這些內容就簡單許多了。

目前日本的生物Ⅰ、Ⅱ教科書中，大多是在介紹生物「如何表現生命現象（How）」，卻沒有說明、整理各個章節之間的關聯，僅將各個項目逐一列出。這樣的話，學生就不曉得該如何理解這些生物知識，只能把書中內容一字不漏的背誦下來。

◇

How的問題是支撐科學的兩大支柱之一。近代生物學起源於顯微鏡的發明者——羅伯特·虎克觀察到植物細胞。在這之後，大部分的生物學都在研究生物如何表現出生命現象（How）。因此，生物教科書也以「生物發生了什麼現象」為主軸。

但生物學中還有另一個疑問，那就是「為什麼生物會如此呢（Why）」。也就是說，除了研究各種生命現象如何（How）發生之外，還可以從另一個角度，研究這些現象為什麼（Why）會發生。查爾斯·達爾文的「演化論」，就是嘗試從Why的觀點來理解生物。

自古以來，人們就知道生物所擁有的性質，可以讓它們適應所生存的環境。

但在達爾文提出「天擇說」之前，沒有人想過為什麼會這樣。達爾文認為，同種生物的個體之間存在微小的差異，能夠適應環境的個體才能生存下來，並留下許多後代。隨著時間經過，這種生物的個體會陸續汰換成能適應當時生存環境的個體。

能適應環境的生物會自然而然的被篩選出來，於是達爾文這種機制被命名為「天擇」或「自然選擇」。簡單來說，就是「比較能適應環境的優勢個體能夠生存並留下後代子孫，所以未來逐漸只有具備這類特性的生物存在」。這種機制說明了生物為什麼（Why）演化成能夠適應環境的特性，而這也是歷史上第一個不以神的存在來解釋的說法。

◇

後來的許多研究中，也證實了現實中的生物會在天擇之下逐漸演化，適應環境。這表示，看似複雜多樣的生物與各種生命現象，都是在「天擇」這個原理下演化出來的。因此，從Why的觀點看來，各個生物主題彼此間的關係，以及「為什麼某個生物有某種生命現象」等問題，都有其特定理由。

了解到這些理由之後，便可將各種生命現象，以及生命現象產生的結果，整理成容易記憶的形式。

另外，現在的人類屬於多細胞生物，擁有各種複雜器官以及調控這些器官的機制，但最早的生命並非如此，最早的生命體結構應比現今的細胞還要單純。生命體的結構在演化過程中會逐漸變得複雜、多樣化，使生物內部的系統愈來愈精密，形成現在多彩多姿的生物族群。

生物會利用原有的系統，發展出新的性質，因此後來可能會有更合理的發展方法，但實際上不是，因為演化的發展是隨機的。因此，如果想要理解目前的生物，最好要了解過去生物的演化史。

由以上觀點來整理生物學，讀生物時就不是單純的「背誦」，而是能夠「理解」背後的邏輯。用口訣背誦知識時，有意義的口訣比較容易記住。同樣的，當我們了解到為什麼（Why）會有這些生命現象後，便能比從前更加明白多樣的生物學知識。

簡而言之，現在的生物教科書大多是將一個個生命現象表列出來而已，不大會細談「演化」這個貫串生物界的概念。用這種教科書來學習，自然就沒辦法「理解」到生命現象的理論基礎。

所謂的做學問，是由觀察到的現象建立出一個有系統的理論，進而理解。由此看來，目前的生物教科書雖然提到了許多與生物有關的資訊，卻不能稱做生物「學」。實在令人惋惜。

◇

本書以物理、化學、演化的基本原則為基礎，帶領讀者「理解」生物界中的各種現象。設定的讀者包括了曾認為生物很難、要背誦一堆知識的人，以及現在正在學習生物，覺得內容過於繁雜而苦惱的人。

生物學並非只是一堆必須死記的內容。它是以物理、化學、演化等原則為基礎，形成的統一現象。因此，理解這些原則，知道為什麼，就能將這些生物學知識深深印在腦海中。

這本書有許多功能，就我而言，特別希望能夠幫到那些正在學習生物學，卻學到想哭的學生們。我以前就是因為體會到如本書所寫的生命現象的原理，才享受到學習生物的快樂。

除了這些學生之外，只要是對生物有興趣的人們，看過本書後一定也能加深對生物學的理解。

Part 1

生物皆有規則：讀懂生物課

01 生命的誕生為僅此一次的奇蹟

生物的共同特徵

生命是什麼呢？

活著是怎麼一回事呢？

生物學的究極目標可能就是找到這些問題的答案，但要找到一個所有人都同意的答案是不可能的。然而我們平常所說的「生物」，確實有某些共同特徵。

那就是

①擁有名為細胞的小小房間。

②能從外界攝取物質，進行代謝。

③能夠繁殖。

④具有遺傳物質，並能在繁殖時將遺傳物質傳給下一代。

不過，像「病毒」就具有遺傳物質，也會繁殖，但無法自己進行代謝，而是利用其他細胞合成自己的遺傳物質與子代的身體。現今生物學家們對於「病毒是否為生物」也有不同的看法。

進一步考慮區別生物和非生物的界線是，某些化學反應本身不是生物，但添加某些化學反應之後就可以叫做生物。

然而這又會產生一個問題，具有哪種化學反應才能叫做生物呢？這並沒有一個所有人都滿意的答案。如果有答案，就能解決病毒是否為生物的問題。只要是分類，就常碰到這種事。通常很難找到所有人都同意的分類方式。

或許你會想說，用前面提到的①~④不就可以定義生物是什麼了嗎？不過，獅子與老虎雜交所生下的後代，獅虎或虎獅，都沒有繁殖能力，但不會有人認為牠們「不是生物」。可見，人們對於「生物」的定義並不完美。

在這裡暫且不論病毒、獅虎的歸類，在本書中定義「擁有遺傳物質、可以繁殖、有代謝系統」的物體便是生物，而且有自我維持的能力，也就是會採取行動讓自己生存下去。

現代生物學認為，生命只有一次起源，是在僅此一次的奇蹟中誕生的。最初的生命持續演化，最後形成了我們現在所看到的形形色色的生物。為什麼會這麼認為呢？原因之一就是，在「遺傳資訊如何建構出生物體」這點，是所有生物都共通的機制。

除了某些病毒之外，所有已知生物的遺傳物質都是DNA（去氧核糖核酸）。DNA以名為「核苷酸」的化學物質做為基本單位，一個接著一個串連成一條長鏈。每個核苷酸都擁有一個「鹼基」，鹼基共有「腺嘌呤☆（A）、鳥嘌呤（G）、胞嘧啶（C）、胸腺嘧啶（T）」等四種。DNA長鏈可以理解成由大量的這四種鹼基排列而成。

胺基酸合成蛋白質

DNA長鏈是如何記錄遺傳資訊的呢？為了回答這個問題，必須先談談什麼是蛋白質。生物體內幾乎所有的結構都是由蛋白質組成，蛋白質與DNA都具有長鏈狀構造，但是蛋白質是由胺基酸這種化學物質一一串連而成。

在無數的胺基酸種類中，只有其中二〇種可以組成蛋白質。我們已知，繁殖過程中傳承給後代的物質並不是蛋白質，而是DNA，透過DNA上的資訊可以製造出蛋白質，構成生物的身體組織。這種藉由DNA合成蛋白質的過程，稱做「遺傳資訊的轉錄與轉譯」，也就是把DNA鹼基上的資訊，轉換成胺基酸的排列順序。

鹼基有四種，胺基酸有二〇種，若只用一個鹼基來對應一種胺基酸，只會有四種胺基酸，顯然鹼基數量不夠。就算一次用兩個鹼基來對應胺基酸，鹼基的變化組合也只有四的平方共十六種。所以如果想對應出二〇種胺基酸，至少要以三個鹼基為一組才行，這樣的組合變化才夠多。

那麼，哪種鹼基組合會對應到哪個胺基酸呢？我們可以用以下實驗來確認兩者之間的對應方式。

☆編註：飲食中常說的「普林」就是嘌呤，也就是DNA的成分。

先用人工方式合成一串鹼基排列為「AAAAAAA……」的DNA，再送去轉錄和轉譯，會得到「離胺酸—離胺酸—離胺酸……」這條由相同胺基酸所組成的鏈。

但是，這樣的話我們無法肯定是用三個鹼基或更多個鹼基來對應出一個胺基酸。所以，接著用「ACCACC……」這個序列來測試，每三個位置插入一個不同的鹼基，再送去轉錄、轉譯。這個序列可以得到「蘇胺酸—蘇胺酸—蘇胺酸……」這條由相同胺基酸組成的鏈。這樣一來，就證明是由三個鹼基對應出一個胺基酸。

我們可以試想看看，如果是由四個鹼基來決定一個胺基酸的話，那麼「AAGAAGAAGAAGAAG」這個鹼基序列就會被讀取為「AAGA—AGAA—GAAG—AAGA」的組合，經過轉錄和轉譯後，就應該是「胺基酸一—胺基酸二—胺基酸三—胺基酸一」。但是，實際上經過轉錄和轉譯的結果，卻是同一種胺基酸重複出現，顯示這是由三個鹼基決定一個胺基酸的情況。

由以上結果看來，鹼基和胺基酸的對應關係只有「三個鹼基決定一個胺基

圖1

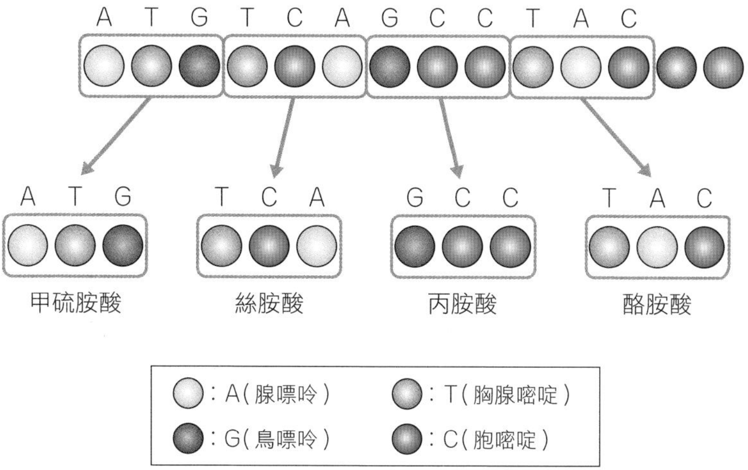

酸」這個可能，如圖1所示。接下來，只要確認各種鹼基的排列（遺傳密碼），分別會對應到哪個胺基酸就可以了。

經過科學家一步一步的持續努力下，解讀出全部總共四的三次方（六十四）種組合的遺傳密碼，分別會對應到哪一個胺基酸。結果顯示，六十四種遺傳密碼共可對應到二〇種胺基酸，還有「起始密碼子」、「終止密碼子」等，共二十一種類型★。每一組遺傳密碼都有對應的胺基酸或功能，全部都是有意義的基因。

解讀遺傳密碼表

由以上方式整理出來的對照表，稱做遺傳密碼表，可用來表示每一種遺傳密碼分別對應到哪一種胺基酸。各位在準備生物科考試的時候，或許花了不少時間背誦吧，想必不是什麼快樂的記憶。

在這之後，科學家們也試著解讀各種生物的遺傳密碼表，結果發現幾乎所有生物的遺傳密碼表都相同。所有生物的蛋白質主要是由二〇種胺基酸所組成，這可證明所有生命最初來自同一個起源，然後再持續演化成現今的樣子。

再加上，所有生物都有細胞膜的構造，這也是所有生命都來自同一起源的證據。當然，我們無法否定「生命其實有兩個以上的起源，卻在某些原因下，共用了相同的規則，形成了現在的生物圈」這個假說。但目前還沒有任何證據可以證明生命有兩個以上的起源。

有很多說法都能解釋時……

科學界有所謂的「最簡約原理」。當一件事情存在許多可能的假說時，會優先選擇最簡單的假說來解釋，直到出現了能推翻假說的證據，再修正論點。要特別說明的是，某些科學上的事實，指的其實是「目前科學家所採用的假說」，並不保證這樣的假說永遠正確。

無論如何，目前的證據都跟「最初的生命從僅此一次的奇蹟中誕生，再逐漸演化成我們現在看到的樣子」的假說沒有衝突。如此一來，可以認為所有生命都遵循著共同的原理，而產生各種生命現象。

★譯註：起始密碼子與其中一種胺基酸是一樣的，所以只有二十一種類型。

02 保留下來的是能夠傳承的東西

稍有不同就會變得很恐怖

我們一般所認知的「生物」，都會從外界獲得能量、進行代謝，並自主的維持自身系統的運作。所有生物都具備這樣的特性，或者也可以說，在演化過程中，人類認識到「具備上述性質的東西是生物」。

這是因為，如果人類沒有這樣的認知，就無法辨別其他東西有沒有危險、能不能吃、是否對人類有用，這樣將不利於人類的生存。在「生物會往對生存適應有利的方向演化」這個大原則下，可以說現在我們認為「某些事物應當是如何」的這種想法，正是演化而來的結果。

某些情況下，人類會覺得某些明顯不是生物的東西看起來很像生物。例如

Sony製作的動物型機器人AIBO，以及近年出現的非擬真型人形機器人，在我們人類的眼中看起來就像具有生命一樣，帶著親切感。相反的，擬真型人形機器人看起來反而令人覺得有些違和感。

順帶一提，外型很像人的東西，當與人類的相似度調整到只差一點點時，人類對這些東西的感覺會忽然從正面轉為負面，甚至可能會覺得這些東西很恐怖，這又稱做「恐怖谷理論」。也就是說，當一個東西和人「有很大的差別」時，我們不會覺得它很恐怖；但當這個東西和人「只有小小的差別」時，卻反而會覺得它很恐怖。

另外，老虎與獅子交配後生出來的後代——獅虎與虎獅，應該不會有人覺得這些混血動物不是生物吧，畢竟這些個體也會從外界攝取能量，以維持自身系統的運作。

獅虎等不同物種的雜交後代，以及機器人，都無法繁殖、無法留下後代。即使牠／它們沒辦法繁殖，我們仍會覺得牠／它們和生物很像。那麼，繁殖對於生物來說又有什麼意義呢？

目前我們已知的所有生物，都是藉由DNA（部分病毒是藉由RNA，即核糖核酸）這種物質，把自己的遺傳資訊傳給下一代。舉例來說，細菌從一個分裂成兩個，是把複製的遺傳資訊各自分配給兩個細菌；而具有雄性和雌性的有性生殖生物，包含人類，則藉由卵子與精子的結合，把來自母親與父親的遺傳資訊傳給下一代。新的個體會以獲得的遺傳資訊為基礎，建構身體、進行代謝，成為一個新的生物。

也就是說，生物繁殖就是要產生新的個體，並把遺傳物質傳遞給新的生物，讓它能進行生命活動。把遺傳資訊傳給下一代，就相當於把生存所需的代謝方式傳給下一代，對於生命來說是很重要的事。不過，遺傳這件事在生物學上有著更重要的意義，那就是，只有當生物能夠傳承遺傳資訊時，才能夠演化。

皮卡丘發生「變態」？

演化（進化）指的是生物的特性隨著時間經過而出現改變。在動畫《精靈寶可夢》中，皮卡丘的能力會隨著成長而產生改變，作品中稱之為「進化」，從皮丘進化成皮卡丘，再從皮卡丘進化成雷丘。不過生物學上的進化或演化，並不是這種隨著身體發育成長而產生的能力變化，而是指，在後代身上出現了前代個體所沒有的特性。

皮卡丘的「進化」在同一個世代中發生，這在生物學上稱做「變態」，就和蝌蚪變成青蛙的過程一樣。生物的特性由遺傳資訊決定，隨著一代一代傳承的過程中，遺傳資訊會漸漸改變，於是後代身上會出現目前生物身上所沒有的新特性，這就是生物學上的演化。

DNA或RNA是由四種鹼基的排列方式來決定遺傳資訊，生物把遺傳資訊傳給後代時，會先複製自己的鹼基序列，再傳給下一代。在過程中，有很低的機率會出現複製錯誤的情況，使得複製後的遺傳資訊與原本的遺傳資訊不完全相同，這就是突變，也就是產生新的性狀。

地球上現存的生物都是演化後的結果。要注意的是，如果遺傳物質能夠完美複製出一模一樣的複本，並傳給下一代，讓好幾個世代的性狀都和上一代相同，就不會出現演化了。正因為鹼基序列無法完美複製，我們才會有演化。

為什麼生物會出現這種遺傳資訊傳遞不完全的情況呢？這有某些原因。

在達爾文所提出的天擇機制下，如果遺傳性狀出現變異，而且對於個體的生存有利，那麼隨著世代的增加，擁有這種變異性狀的個體比例也會跟著增加。最後可以預測到，族群內會剩下具有優勢性狀的個體。隨著生物的遺傳基因一點一點的發生變化，族群內的每個世代中都會出現具有新性狀的個體。

由於族群中的個體之間特徵相異，且環境不斷改變，某些個體會比族群內原本的個體更適應當下的環境。因此以核酸做為遺傳物質的生物，在演化的過程中會逐漸適應環境。這麼一來，即使生物界原本存在某些遺傳物質完全不改變，或者是完全不用繁殖的不死生物──「不演化的生物」，當它們與「會演化、可逐漸適應環境的生物」經過長時間競爭後，不演化的生物一定會在競爭中落敗。

也就是說，即使過去曾出現過「不演化的生物」，它們也會因為競爭力不足而無法生存。在漫畫等創作中常出現各種不死的完全生物，但這些完全生物必須是全能的。如果不是全能，就不可能永遠在競爭中獲勝。恐怕只有神才能做到這樣了吧。

之後我們會提到，地球上最初的生命可能是用RNA分子做為遺傳物質，後來才演化出使用較穩定的DNA分子做為遺傳物質的生物。現代生物學認為，DNA的複製之所以不完美，是因為有物理和化學上的限制。也因為遺傳物質的複製可能會出錯，才能讓這些生物在往後的競爭中獲勝。或許就是這個原因，使生物選擇了「複製時可能會產生錯誤的系統」，以確保自己的族群能夠存續。無論如何，繁殖是生物世代交替時的行為，也是生物演化的機會。總結以上內容，可以知道演化需要三個條件。

① 生物個體能將資訊傳遞給下一代（遺傳）
② 傳遞下去的資訊和前一代的不完全相同（變異）
③ 不同變異個體的繁殖率有所差異（選擇）

若滿足①與②的條件，就能表現出演化現象。若滿足③的條件，就能夠適應環境。若滿足以上三個條件，即使不是生物，也會出現類似演化的現象。

舉例來說，大家小時候玩過的「傳話遊戲」，就是透過口語將句子傳遞給下一個人（遺傳），在傳遞過程中，句子會出現錯誤（變異），最後變得和原本的句子不同，讓人覺得很有趣，這可以說是詞語的演化。此外，也有不少人在研究代代傳承的「茶道」做法如何演變，以及研究逐字抄寫的手抄本如何演變。

演化並不是生物特有的現象，只是生物具備了上述三個條件，所以才出現了適應性演化。

若沒有滿足這些條件，就不會出現演化現象。這些會演化，能在競爭中獲勝而成功存續下來的生物，必定具備了「遺傳」這個系統。這麼一來你應該可以理解到，遺傳在生物學中有多重要了吧。另外，當傳遞遺傳物質時，子代必須得到構築身體從頭到腳的完整訊息才行，否則便無法存活。

不同種生物的遺傳機制也各有不同。舉例來說，細菌等生物會先把遺傳資訊複製成兩份，再分裂成兩個身體，每個身體都各具有一份遺傳資訊，跟親代細菌的狀態完全相同。不過，像人類這樣分成雄性與雌性的生物，則是體內原有雙套遺傳資訊（染色體），而卵或精子等生殖細胞只有單套染色體，精卵結合以後才會再恢復成與親代相同的雙套染色體。

遺傳的章節可能是許多人高中時的惡夢，不過在明白遺傳系統的原理之後，看到相關問題時就會覺得簡單許多。之後我會說明如何思考這些問題。

總之，毫無疑問的，生命自從誕生以來，基於遺傳系統的適應性演化一直持續發生。另外，生物是由物質組成，所以生物的功能也受限於這些物質的性質。

這表示，若想理解生物圈發生的各種現象，就必須明白演化上的各種概念。因為物質有其化學限制，身體的強度極限也受到物理限制，這些都影響了生物所呈現的樣子。

隨著生物的演化，這些限制條件也會跟著改變，使生物界展現出多彩多姿的模樣。但不論變得多複雜，這種物理和化學的限制，以及演化的原理都是所有生物共通的原則。

03

生物遵循一定的規則

決定髮色的基因

因為基因複製時可能會出錯，所以生物會發生演化，就像茶道與傳話遊戲的內容會逐漸演變一樣，不過這裡我們就把主題限定在生物學吧。

演化的機制其實相當單純。舉例來說，包含人類在內的二倍體生物，細胞內有兩套染色體，表示製造某一個蛋白質所對應的基因有兩個。當個體準備繁殖後代時，精子或卵子會獲得其中一套染色體，等到卵子與精子結合（受精）時，染色體會再次變回兩套。所有的二倍體生物皆以這種方式繁殖。

以髮色基因為例，假設黑髮基因為B、金髮基因為G。若父母雙方的基因型皆為BG，那麼母方所形成的卵子中，帶有B與帶有G的比為1：1，父方的

表1

		卵子的基因	
		G	B
精子的基因	G	$\frac{1}{4}$GG	$\frac{1}{4}$BG
	B	$\frac{1}{4}$BG	$\frac{1}{4}$BB

精子也是。若把父方與母方的基因合在一起，就有兩個B與兩個G，B與G的比例各佔〇．五。

不過，當這對父母生下孩子時，孩子的基因型組合將如表1所呈現。

也就是BB：BG：GG＝1：2：1。如果生下非常多孩子，那麼總計全部孩子帶有的B與G，也會是1：1，跟親代相同。

但是，如果親代只生下一個孩子的話，他的基因型是BB的機率為四分之一，是GG的機率也是四分之一。顯示孩子有二分之一的機率無法繼承到G或B的基因，也就是說，可能會發生某個基因在後代之中消失的情況。在族群遺傳學中，如果親代的基因頻率與子代的基因頻率不同的話，也可稱做演化，而機率便會影響到演化的結果。

卵子或精子會包含哪個基因是隨機發生的，由機率決定，和黑髮與金髮哪個有利於生存無關。也就是說，就算演化的第三個條件「選擇」不存在，也會有演化的現象。

這項機制由日本的遺傳學者——木村資生博士提出，時間遠晚於達爾文提出的天擇理論。木村博士把它命名為「遺傳漂變」，並主張這是與「天擇」完全不同的另一種演化機制。然而這個說法一開始卻受到支持達爾文演化論的學者們猛烈抨擊。

面對許多指責與批判，木村博士仍堅持他的主張，並陸續搜集各種證據。如今科學家們已普遍接受遺傳漂變與天擇是演化的兩大機制。遺傳漂變在理論上完全正確，但要讓所有人都接受新的理論，仍需費上一番工夫。

達爾文的想法

遺傳漂變確實能讓生物演化，卻沒辦法說明「生物為什麼會演化成能適應環境的樣子」。因為在遺傳漂變下，演化的結果純屬偶然，跟性狀是否有利於生存無關。這說明了演化當中「選擇」這一關的必要性。

從前人們就知道生物身上具備了適合棲地環境的性質，卻沒辦法說明為什麼會這樣。在過去，科學的觀念尚不發達，所以把生物的「適應」解釋為神的偉大創造。也就是說，古人們認為神在創造生物時，會把它們造成適合生存在環境中的樣子。

在達爾文的時代，人們認為生物從以前到現在一直是以相同的模樣生存著。「生物的特徵會隨著時間改變」這樣的想法可以說是對神的冒瀆。當時候，達爾文搭乘小獵犬號，擔任船醫兼船長的談話對象，前往南美洲的加拉巴哥群島探險。他在島上看到了形形色色的生物。

加拉巴哥群島距離南美大陸有一段距離。每個小島上的雀鳥（後人也稱之為達爾文雀）以及象龜，形態上皆略有差異，而這些形態上的差異能夠適應牠們所居住的環境。舉例來說，某些島上的主要食物資源是堅果，當地雀鳥的喙就像鉗子一樣的厚；某些島上的仙人掌基部很硬，當地的象龜龜殼前方則有一個較大的缺口，這樣方便象龜伸長脖子，吃到仙人掌上方的部位。

當然，這也可能是神在創造牠們的時候，特別把每個小島上的生物做成略有不同的樣子。不過達爾文在看到這些動物時，卻想到了另一種可能性。加拉巴哥群島與南美大陸的距離很遠，因此這些小島上的雀鳥和象龜，應該不是從大陸上進進出出每個小島。這些生物比較可能是最初只有一次從大陸進入島上，然後再移動到其他島嶼，最後逐漸擴散到整個群島。如果是這樣，就表示每個島上的象龜與雀鳥都在島上分別演化成了能夠適應當地環境的樣子。

當時的上流社會流行著鴿子的品種改良，這表示當時的人們已經知道：從許多個體中，挑選具有某個特徵的生物出來交配，多次以後，便可得到具有某個特徵的後代。

進行品種改良時，為生物配對的是人類，如果自然界也能夠挑選具有某個特徵的個體的話，生物不就會自然演化了嗎？另外還有一點，生物產下的子代中，並非每個個體都能長大，大部分的子代會被吃掉而死亡。

族群中許多個體在小時候就會死亡、每個個體具有不同特徵，考慮到這兩點，可以了解到族群中的個體之間一直存在競爭關係。例如，跑得快的個體比較不容易被捕食，所以存活下來的機率比跑得慢的個體還要高，更有機會留下較多後代。而牠們的後代也同樣跑得比較快，於是整個族群會演化成跑得快的物種。

就這樣，自然界會挑選出能夠適應環境的個體，生物也逐漸轉變成最適應環境的樣子。沒錯，這一項發現顯示了天擇是基於生存競爭。

《物種起源》引發震撼

達爾文是一個相當謹慎的人，在發表天擇說之前，他觀察過許多生物，並反覆檢討自己的想法是否可以說明演化是怎麼一回事。直到晚年，他才將這些內容整理集結，出版了著名的《物種起源》一書。也有人說，當時年輕的博物學者——阿爾弗雷德・華萊士也提出了和達爾文的演化論幾乎相同的觀點，打算投稿至英國的學術期刊。據說達爾文收到華萊士的信件之後，便急忙發表了自己的手稿。無論如何，天擇說引發了很大的震撼。

天擇說認為，沒有神的存在，生物也能適應環境並演化，這對當時很有權威的英國教會來說是很大的問題。當然，教會並不覺得這很有趣。教會主張，人類是神所選定的特別的生物，是萬物之靈，地位應在其他動物之上。如果基於天擇說的演化論是正確的，就表示人類只是從猿猴之類的動物演化而來的生物。

當時的報紙刊載了一張諷刺畫，畫中人物有著達爾文的臉，身體卻是猴子，引起很大的騷動。不久後，教會與演化論者的對決之日來臨。教會的代表人為韋伯佛斯（Wilberforce）主教，而代替重病的達爾文來為演化論辯護的，則是他的朋友赫胥黎，他們在民眾面前公開辯論。

當時主教說了「各位，請仔細想想看。如果演化論正確的話，我們人類就是由醜陋的猴子演化而來的生物。難道各位認同這點嗎？」之類的話。登台的赫胥黎則反擊「與其做一個不承認正確邏輯理論的人類，還不如當一隻醜陋的猴子」諸如此類的話。

演化論與達爾文雀

據說，平常只能聽著高姿態的教會說教，內心卻覺得不以為然的民眾，當時給了赫胥黎盛大的掌聲。就這樣，愈來愈多人知道演化論，也愈來愈多人接受了天擇說。

天擇說是相當單純的假說。只要具備遺傳、變異、選擇等三個條件，生物就會自動朝著適應環境的方向前進，僅此而已。邏輯上沒有矛盾，因此只剩下「實際的生物是否真的會這樣演化？」這個問題。

要回答這個問題並沒有那麼容易。不過在二十世紀以後，人們陸續發現了一些明確的證據。其中一個證據，就是加拉巴哥群島上的達爾文雀的相關研究。研究人員記錄了島上每年的種子硬度與達爾文雀的鳥喙厚度，發現當環境發生變化時，種子的平均硬度也會跟著改變。種子硬度改變的隔年，達爾文雀的鳥喙硬度也會出現變化，使個體更能適應新的環境。原因就是「無法適應種子的改變，難以吃下這些種子的鳥類較容易死亡」。

也就是說，自然環境產生變化後，只有能適應環境的個體可以活下來，這就是適應性演化。繼達爾文雀之後，又有許多證據顯示其他生物在環境改變時也會有演化的現象。現在的演化生物學家，已經很少有人懷疑天擇說的正確性，真是可喜可賀。

據說生物誕生於三十八億年前。生物奠基於遺傳與變異的系統，並在自然環境中持續繁衍。這表示，目前存在於地球上的生物，都是以前的生物在過去三十八億年間持續適應、演化而來的結果。因此，想要「理解」各種生命現象而不是「死背」的話，可以試著從適應性演化的角度來思考。

遺傳、變異、
選擇，這些是
天擇說的重點呢。
物種起源

04 為什麼DNA扭成螺旋狀？

華生與克里克發現了DNA的雙螺旋結構

「遺傳」是生物的本質之一，而DNA則是肩負這項任務的物質。詹姆斯．華生與弗朗西斯．克里克發現DNA具「雙螺旋」結構，並因此而獲得諾貝爾生理醫學獎，應該有不少人聽過這件事吧。

請看圖2-1，這就是DNA的結構。

DNA由名為「核苷酸」的單元組成，核苷酸內有一個五碳醣（去氧核糖）形成五邊形的結構，其中第五個碳接上磷酸根，與前一個五碳醣的第三個碳相連，串連成長鏈結構。每個核苷酸都含有一個向外突出的鹼基，鹼基包含A、G、C、T，能夠與另一條反向核苷酸長鏈上的鹼基配對，彼此相連。

圖2-1

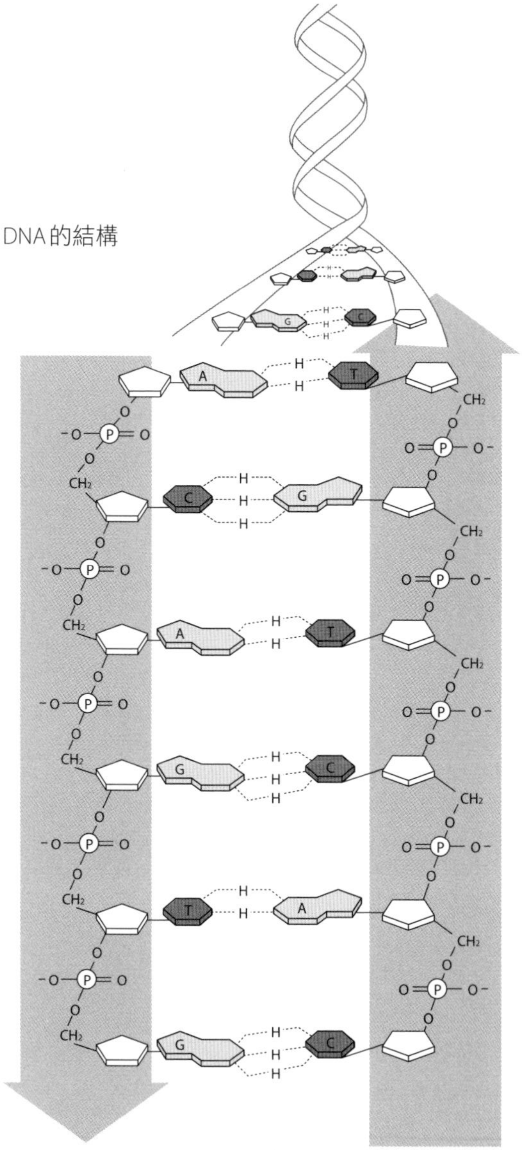

圖2-2

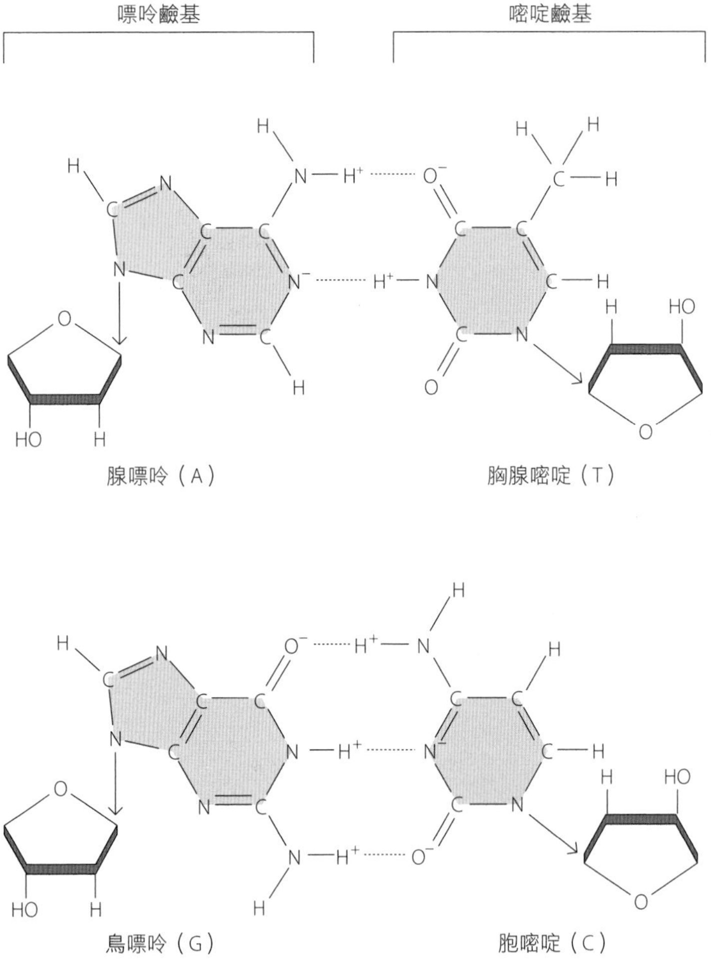
嘌呤鹼基
嘧啶鹼基
腺嘌呤（A）
胸腺嘧啶（T）
鳥嘌呤（G）
胞嘧啶（C）

簡單來說，DNA的結構就像一道長長的梯子，鹼基對的部分就像長梯的踏階。如果踏階的一端是A，那麼另外一端就一定是T；如果踏階的一端是G，另外一端就一定是C。為什麼會這樣呢？我會在之後的篇幅中說明。

核苷酸構成的長鏈會扭轉

再來，兩條核苷酸構成的長鏈並非直線形，而是會扭成螺旋狀。兩條核苷酸長鏈從相反方向扭成螺旋狀，彼此以鹼基對相連，並保持著一定間隔，所以稱做「雙螺旋」結構。DNA形狀就像是扭轉後的長階梯。

這在生物學中是相當重要的概念，大家在準備考試的時候一定有讀過吧。不過，為什麼DNA會扭成螺旋狀呢？直直的梯子不也很好嗎！但這樣的結構實際上卻辦不到。

核苷酸的本體部分為五碳醣，主要呈五邊形，所以五碳醣與其他分子伸出鍵結彼此相連時，兩個鍵結無法呈一直線，一定會夾一個角度。而在連成長串的分子中，這個夾角會逐漸累積下來，使長鏈扭轉，形成一個週期性的螺旋形，這好比是用細線紡成的毛線一樣，纏繞為一個均勻穩定的結構。

記錄在DNA上的蛋白質設計圖（基因）長度約在數百至二〇〇〇個鹼基之間，為了保存這一長串資訊，基因的載體必須擁有一個穩定的結構才行。或許就是因為這樣，DNA形成了雙螺旋結構，這在化學層次上可說是一個最佳狀態。

要是DNA沒有這種結構，就沒辦法完成它的重要使命。我們在之後的章節繼續說明。

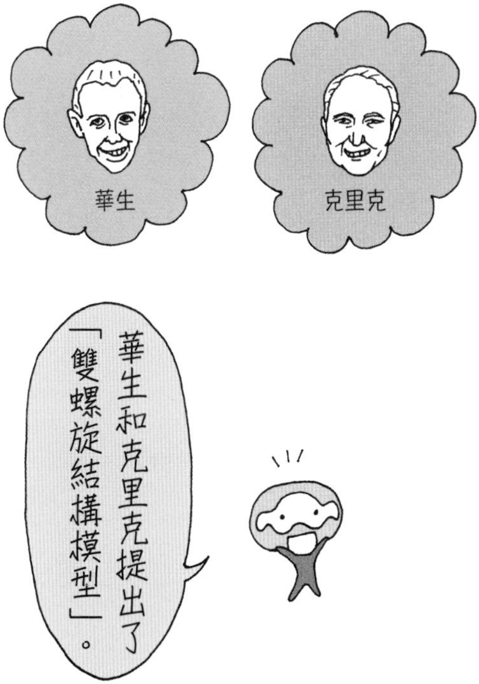
華生
克里克
華生和克里克提出了「雙螺旋結構模型」。

05

DNA的故事①——遺傳資訊的雙重保護

少了遺傳資訊，生物就無法存活

ＤＮＡ的鹼基序列上，記錄了製造蛋白質的遺傳資訊。ＤＮＡ為雙螺旋結構，兩條長鏈上都有鹼基序列，但遺傳資訊只記錄在其中一條長鏈上。另一條長鏈上的鹼基序列是遺傳資訊的保護蓋，但並不僅僅是個蓋子而已，這條長鏈也有它的作用。

生物在建構身體以及進行新陳代謝時，都需要讀取遺傳資訊，也就是說，生物要是缺乏遺傳資訊就無法存活。這也表示，能夠盡量保存遺傳資訊的生物，在生存上會更有利。如果基因中出現了不利於生存的突變或缺損，這樣的基因就會被淘汰，從族群中消失，因此生物必定得保護好遺傳資訊。

那麼DNA又是如何保護遺傳資訊的呢？目前認為，最初的生命使用的遺傳物質並不是DNA，而是沒有保護蓋的單股鏈狀RNA（核糖核酸）分子。RNA的結構與單鏈DNA的結構幾乎相同，在核苷酸中只有一個地方和DNA不一樣：五碳醣的其中一個結合位置上（二號碳原子），RNA的是由氫原子與氧原子組成的OH基，而DNA的則是氫原子H。

另外，DNA有一種鹼基是T（胸腺嘧啶），在RNA中則換成了U（尿嘧啶），兩者在結構上的差異僅止於此，但DNA與RNA的性質卻有一個很大的不同，那就是物質的穩定性。

與DNA相比，RNA相當容易被分解。前面說到在五碳醣中的二號碳原子結合位置上，DNA和RNA有差異，一個是氫原子H，化學穩定性很高；而OH基卻很容易與其他物質反應，因此不穩定。

還有一個原因使RNA容易被分解。有些病毒是以RNA做為遺傳物質，而它們會寄生到細菌身上來增殖後代；為了消滅入侵體內的病毒RNA，細菌會製造出大量可破壞RNA的蛋白質（酵素）。因此，體外環境中的RNA很容易被分解。在萃取核酸的生物實驗中，處理RNA時必須要很小心操作，才能避免RNA被分解消失。

DNA比較能保護遺傳資訊的主要原因，就是DNA不容易被分解。如果DNA容易被分解的話，就沒辦法將遺傳資訊傳給下一代了。前面也提過，這是生物最極力避免的狀況。生物原本用RNA來傳遞遺傳資訊，後來改成使用DNA，或許就是一種生物的適應，來確保遺傳資訊受到安全保護。

基因的保護蓋

DNA保護遺傳資訊的能力之所以比RNA強，還有一個重要原因，那就是DNA上的基因有保護蓋。DNA為雙螺旋結構，兩條DNA長鏈的鹼基彼此互補（以A—T、G—C的形式結合），所以實質上，兩條長鏈保存著相同的資訊。從DNA上讀取基因時，雖然只將其中一條長鏈上的遺傳資訊轉換成蛋白質，但其實做為保護蓋的另一條長鏈也能對應出相同的資訊。

轉錄DNA時，需將兩條長鏈解開，再讀取其中一條長鏈上的鹼基序列。這表示，即使被讀取的DNA長鏈（模板股）因為某些原因而受損，只要另一條長鏈（密碼股）還留著，就可以恢復模板股上的資訊。而只有單鏈的RNA做不到這一點。

總結以上所說，透過DNA可以讓生物的生命設計圖，也就是遺傳資訊得到雙重保護。

06 DNA的故事②——像階梯一般

DNA的直柱和橫階

DNA為雙螺旋結構，每條單鏈是由名為「核苷酸」的小單元組成，核心是一個五碳醣。核苷酸可串連成長鏈狀，兩條鏈之間用鹼基對彼此連接。大略來說，DNA的外型看起來像是一個扭成了螺旋狀的長梯。

DNA上記錄的遺傳資訊中，每三個鹼基指定一個胺基酸，而數百個胺基酸可組成一個蛋白質。也就是說，製造一個蛋白質時，基因上的鹼基對數目需是胺基酸數目的三倍。這表示需要很長的DNA分子才能夠完成這個任務。

像RNA這種單鏈結構的分子不管有多長都沒關係，但如果是雙鏈結構分子的話，就不是這麼回事了。如果希望雙股長鏈能夠延伸很長，就需要形成穩定的「梯子」狀結構。為了穩定延長，兩條鏈得要保持固定間隔。現實中的梯子，兩邊是平行的梯柱，中間橫架著許多長度相等的踏階，除了A字梯是為了防止傾倒，便設計得較短，而且愈往上愈窄。

從數學的角度看來，DNA的結構非如此不可。當我們想用兩根直條做為支架組成長長的結構時，這兩根直條必須「互相平行」，要是沒有平行，最後會彼此交叉，無法延伸很長的結構。

DNA可以無限延長嗎？

DNA的直梯柱由核苷酸構成，橫踏階則由鹼基對構成。核苷酸長鏈扭成了螺旋狀，但DNA的雙螺旋結構使兩個梯柱彼此平行，一直保持著相同間隔，可以無限延伸下去。

再來，橫踏階的鹼基可以分成嘌呤與嘧啶兩類。嘌呤鹼基（A、G）內有兩個環狀結構，一個是五員環，另一個是六員環；嘧啶鹼基（C、T）內則有一個六員環結構。而嘌呤一定會與嘧啶配對，所以ＤＮＡ的骨架會一直保持相同間隔（參考第四十三頁的圖2-1）。

鹼基對的組合必為Ａ—Ｔ、Ｇ—Ｃ。透過嘌呤與嘧啶的配對，使ＤＮＡ的橫踏階維持相同長度、骨架保持平行關係，所以ＤＮＡ理論上可以延伸到無限長。

現實中的某些生物，甚至可以將多達幾十億個鹼基對的遺傳資訊收納在單一的雙螺旋ＤＮＡ分子內。生物之所以會用ＤＮＡ來做為遺傳物質，或許就是因為只有ＤＮＡ能夠承載那麼長的遺傳資訊。

雙螺旋
還真是個
厲害的結構啊!!

07

DNA的故事③——為什麼會形成A—T、G—C的組合

A、G、C、T——四種鹼基

DNA由許多核苷酸連結成兩條長鏈，兩條長鏈分別伸出一個個鹼基彼此連接，形成像梯子踏階般的結構。而且四種鹼基彼此連接時，必定是用A—T、G—C的方式配對。

A與G為嘌呤鹼基，分子比較長；T與C為嘧啶鹼基，分子比較短。為了使梯子兩邊保持平行，能夠無限延伸下去，踏階的長度就必須保持一定才行。所以以鹼基配對時，一定是一個嘌呤配上一個嘧啶，這樣能保持DNA的兩條梯柱之間距離相等。那為什麼不會出現A—C或G—T的配對呢？當然這也是有原因

的，自然界中幾乎每個現象都有它的原因。

鹼基對的鍵結方式與一般原子間的鍵結方式有些不同。一般化學分子中的原子鍵結為共價鍵，兩個原子共用一個電子時，這兩個原子會連接在一起，形成一個化合物。在化學分子結構的示意圖中，會畫「實線」來表示共價鍵，共價鍵的強度很強，不容易斷開。

為什麼鹼基的配對是A—T、G—C

不過，鹼基對之間的鍵結方式並不是共價鍵，而是氫鍵。這是分子末端帶有部分負電荷與部分正電荷而彼此吸引的力量，發生在氫原子與另一個原子之間，屬於分子之間的作用力。氫鍵的吸引力相當弱，帶有電荷的原子必須靠得非常近才會有作用，要是把兩顆原子拉開，就會像被拉開的磁鐵一樣，不再彼此吸引。

因為鹼基對之間以氫鍵相連，造成配對總是A—T、G—C。請參考下一頁的圖2-2。

圖中畫出了兩邊方向相反的核苷酸，可呈現出鹼基連接方式。雖然有些複

圖2-2

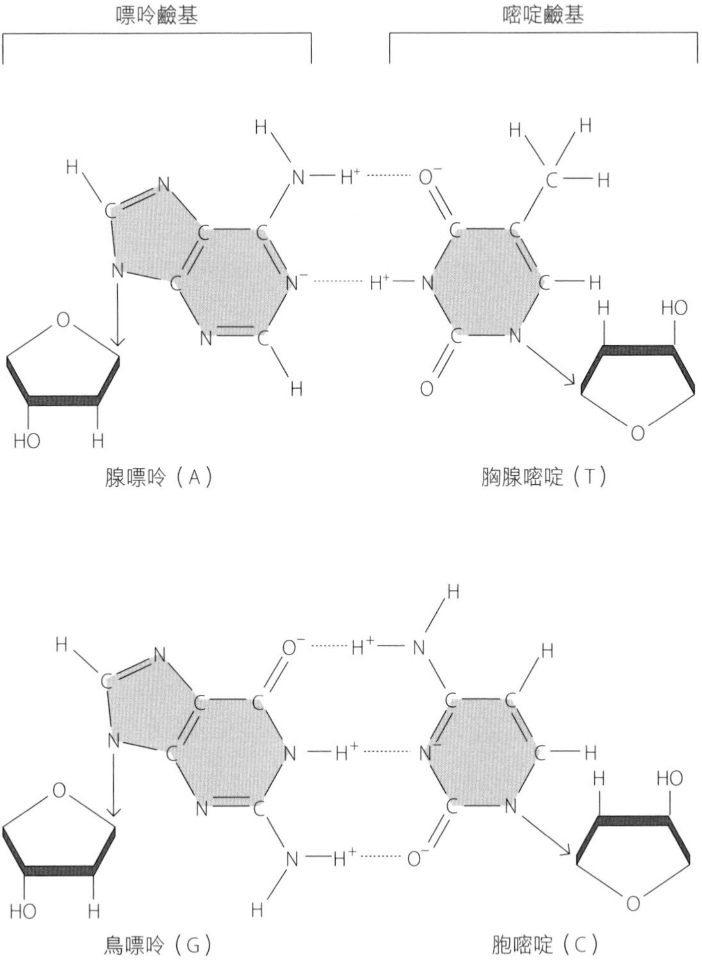
嘌呤鹼基
嘧啶鹼基
腺嘌呤（A）
胸腺嘧啶（T）
鳥嘌呤（G）
胞嘧啶（C）

雜，不過由圖中應可看出，A、G、C、T等四個鹼基之間用來配對的原子，各自帶有正電荷或負電荷。

在A－T、G－C這樣的配對下，分子末端的原子剛好是正電荷對上負電荷。假如是A－C、G－T的話，就會是正電荷對上正電荷，負電荷對上負電荷，無法彼此吸引。只有在A－T、G－C的時候，才能產生氫鍵，彼此吸引。換句話說，如果要使DNA維持雙螺旋形狀，就必須使兩條長鏈的鹼基彼此吸引，而用氫鍵來連結的鹼基對便是以A－T、G－C的方式連結。

另外，以氫鍵連結兩個鹼基是有原因的。氫鍵相當弱，只要加熱或施加能量後就會輕易斷開，這對於DNA的功能來說是相當重要的特性。

遺傳資訊以鹼基序列的形式記錄在DNA上，當要讀取遺傳資訊時，需要解開雙螺旋結構，這時就可以看出氫鍵的好處了。氫鍵與共價鍵不同，只要有少許能量，它就可以斷開。

此外，斷開共價鍵時所需的能量很大，所以利用共價鍵相連的核苷酸骨架部分，受熱後仍會保持原樣。因此施加熱能後，DNA從雙螺旋解開變成兩條單鏈，就可讀取長鏈上的遺傳資訊。DNA平時需以雙螺旋的穩固結構保護遺傳資訊，需要讀取單鏈的時候又要能輕易拆開——用氫鍵連接鹼基對的話，就能夠滿足這個看似矛盾的條件。所以鹼基的配對必須是A—T、G—C。

不要只是「背誦」而是要「理解」

從前面的介紹可以了解，即使在分子層次，生物的功能仍然有一套「精巧的設計」。雖然我們不曉得這是否也算是適應的結果，但DNA的結構也可以用生物演化的觀點來理解。

我是在念大學時，第一次了解到這個概念的。當時一方面相當感動，另一方面卻也覺得「為什麼沒人早點告訴我這件事呢？」要是我早點知道這個概念的話，就不會苦惱於一直背誦那些看似沒有意義的「嘌呤—嘧啶」、「A—T、G—C」了。

高中生物中有教到，鹼基對是嘌呤鹼基與嘧啶鹼基的配對，且配對為A—T、G—C的組合，在課堂中老師也會要求學生背誦這些內容。但如果只是把這些內容死背下來，像是背佛經的話，只會讓人覺得很厭煩。但是經過以上的說明，你就能理解到「為什麼鹼基配對時，一定是一個嘌呤鹼基配上一個嘧啶鹼基，又為什麼一定是A—T、G—C的組合」，產生「原來如此啊」的想法後，就會自然而然記下這些規則。

這對高中生來說很難嗎？

如果你是一個有理解力的孩子，只將大量知識硬背下來的教學法，和把知識整理成令人理解、容易記憶的教學法，哪種方法是壞事呢？這世界有些令人不解的怪事。

08 為什麼遺傳物質是DNA？

DNA與RNA

根據目前所知，除了一部分的病毒使用RNA做為遺傳物質之外，其他生物都是用DNA做為遺傳物質。這讓人覺得，生物是不是一開始就使用DNA做為遺傳物質呢？但如果生物最初就是以DNA做為遺傳物質的話，就無法說明生物的演化，為什麼呢？

現今的生物都會利用DNA上的鹼基序列來轉變成蛋白質。生物的身體由蛋白質構成，體內催化化學反應的酵素也是蛋白質，所以蛋白質可以說是維持生命活動時不可或缺的成分。從DNA的基因序列轉錄，一直到胺基酸長鏈結合成蛋白質的過程中，有三種RNA的參與：信使RNA（mRNA）、核糖體

圖3

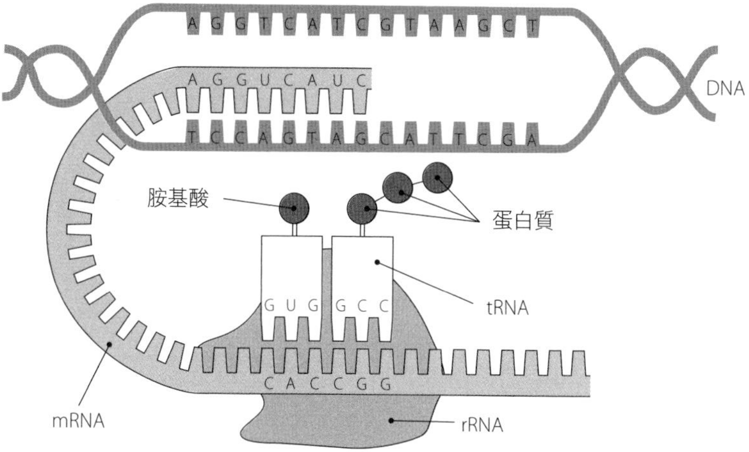

RNA（rRNA），以及轉運RNA（tRNA）。請參考上方圖3。首先在轉錄這一步驟中，會合成出一條與DNA的鹼基序列（基因）互補的mRNA，舉例來說，如果DNA序列為GAT，那麼mRNA序列就是CUA。

接著，核糖體會讀取mRNA上的遺傳資訊，以特定位點和mRNA結合，核糖體是位於細胞質內的胞器，由rRNA與蛋白質所組成。

mRNA的三個鹼基為一組密碼子，一組密碼子可指定一個胺基酸。核糖體可讀取mRNA上的密碼子，並結合攜帶相應胺基酸的tRNA。tRNA上具有一組識別序列（反密碼子），這組核苷酸序列與mRNA的密碼子互補，具有不同反密碼子的tRNA會攜帶不一樣的胺基酸。

當tRNA的反密碼子與mRNA的密碼子配對後，前方已生成的胺基酸鏈會接上tRNA所攜帶的胺基酸，並且斷開與tRNA的連結，如此延續為長鏈。

鹼基序列的遺傳資訊傳遞順序是DNA、mRNA、tRNA。假設DNA上的鹼基序列為GAT，那麼mRNA、tRNA上的對應序列分別會是CUA、GAU。這裡要強調的是，DNA上的鹼基序列經過轉錄，再轉譯成蛋白質的過程中，RNA扮演了很重要的角色。

最初的生命只有RNA嗎？

現今的生物都是用DNA記錄遺傳資訊，用蛋白質調控代謝等體內必要的化學反應，但很難想像一開始的生命就會使用這麼複雜的機制。不過，最初生命的遺傳資訊必定寫入了增殖和代謝等功能。

如前面所說的，生物基因遺傳的系統是由DNA、RNA、蛋白質構成，相當複雜，不太可能在偶然之下就建構出這個系統。既然如此，用於催化代謝作用的蛋白質，在生命剛誕生時，會不會就扮演著遺傳物質的角色呢？

確實有人這麼想過。但現在的蛋白質並沒有複製功能，而且這樣也無法解釋，為何現在的遺傳資訊還要儲存在DNA之中，並且使用RNA做為媒介來進行轉譯功能。

那麼，最初的生命會不會只由DNA構成，連代謝也由DNA負責呢？但是，DNA是穩定性非常高的化學物質，本身很難產生化學反應，而且目前都沒發現過具有催化劑功能的DNA。既然如此，候選分子就只剩下一個了，最初的生命可能只擁有RNA。

生命的發生確實可能是僅此一次的奇蹟。假設最初的生命僅擁有RNA，那麼它可以滿足生命的必要條件嗎？與DNA相比，RNA是活性相當高的化學物質，而且RNA是單鏈，不像DNA那樣是雙螺旋的立體結構，所以RNA是彈性很大的分子。

其實，tRNA分子之中的鹼基就會自行互相配對，形成一個類似三葉草形狀的立體結構，當tRNA與特定胺基酸結合時，這樣的結構扮演著重要角色。雖然tRNA仍然不能做為調控化學反應的催化劑。事實上，後來有人證實了某些RNA具有催化劑功能。而且RNA是由核苷酸組成，本身能傳遞遺傳資訊。

綜合以上的論點，最初的生命可能僅具有RNA，並且以RNA本身為模板，複製出許多相同鹼基序列的RNA分子，進行代謝及其他功能。

若是如此，就能滿足生命的必要條件了。最初的生命可能是這樣的形式，之後才把代謝功能逐漸轉移到蛋白質上、把儲存遺傳資訊的功能轉移到DNA上。蛋白質比RNA更有彈性，可以形成各式各樣的立體結構，所以蛋白質比RNA更適合做為催化劑。

科學家持續追尋真相

DNA的穩定性比RNA還要高，而且有雙螺旋結構，比RNA能更加嚴密的保護遺傳資訊。也就是說，從適應性演化的角度來看，從只有RNA演變成再加入ＤＮＡ與蛋白質，可以說是必然發生的事。這個結果就是我們現在看到的ＤＮＡ↓ＲＮＡ↓蛋白質的遺傳資訊表達系統。

這種「最初的生物僅由ＲＮＡ構成」的假說，也稱做「ＲＮＡ世界假說」，可說是非常具有說服力的假說。但現今生物中，除了病毒之外，沒有任何一種生物是以ＲＮＡ做為遺傳資訊的載體，所以這個假說仍待驗證。「現在已不存在的現象，過去是否曾經存在？」是生物的歷史中最難驗證的課題。

畢竟我們沒有時光機，沒辦法回到過去觀察。即使如此，科學家們還是會想盡辦法，持續挑戰生命誕生之謎，夢想著找到答案的那天。

09

厲害的酵素——蛋白質的作用

很有彈性的蛋白質

在「ＲＮＡ世界假說」中，生物一開始是用ＲＮＡ來催化生物必需的化學反應，之後才改用蛋白質取代ＲＮＡ。和只有四種鹼基的ＲＮＡ不同，蛋白質是由二〇種胺基酸構成的長鏈，因此蛋白質序列的多樣性遠比ＲＮＡ還要高。舉最簡單只有由兩個小單元組成的序列為例，ＲＮＡ有四×四＝十六種組合，蛋白質卻有二〇×二〇＝四〇〇種組合。

而且蛋白質的構造很有彈性，可以形成各種立體結構。這是因為有些胺基酸帶有電荷，有些胺基酸之間可以形成強力鍵結，所以胺基酸長鏈（肽鏈）可以組成各種立體結構，而許多個肽鏈又可以纏繞形成更複雜的結構。

生命體的代謝需要各式各樣的化學反應，而進行化學反應需要能量。各位在國中或高中做化學實驗時，是否常把裝有化學藥劑的試管放到火上加熱呢？

不過，生物體內的溫度不會那麼高，通常會在攝氏二〇～四五度左右。

基本上，蛋白質本身在攝氏六〇度以上就會變性，也就是改變形狀結構，而且無法復原，這就是為什麼生物的體溫不能太高。為了讓物質能在低溫下產生化學反應，就需要「催化劑」。

催化劑本身不產生變化

催化劑可以降低化學反應所需要的能量門檻，而且在進行化學反應時，催化劑本身並不會產生變化。在低溫且能量不高的生物體內，必須有催化劑參與化學反應。

在RNA世界假說中，人們推測RNA本身可以催化化學反應的進行。不過目前的生物體內，促進反應的催化劑都是稱為「酵素」的蛋白質。或者反過來說，我們把體內具有催化劑功能的蛋白質稱為酵素。一種催化劑通常只能調控一種特定的化學反應，如果需要同時調控多少種化學反應，就需要多少種催化劑。

生物體內發生無數個化學反應，所以也需要非常多種催化劑。而RNA的序列多樣性遠小於蛋白質，或許這就是為什麼生物會以蛋白質做為催化劑的原因。酵素是一種很好的催化劑，可以使反應所需的能量門檻大幅下降，許多酵素的催化效率比金屬催化劑還要強。總結來說，酵素的種類非常多，可以調控非常多種化學反應，而且催化效率非常高。為什麼酵素那麼厲害呢？

答案在於蛋白質很高的多樣性。蛋白質中的肽鏈常是由二〇〇～三〇〇個胺基酸結合而成，而蛋白質中的每個位置可填入二〇種胺基酸中的任何一種，因此可形成的序列種類多達二〇的二〇〇～三〇〇次方種。

當然，並不是所有的蛋白質都有催化劑的功能。但即使只有其中百分之一的蛋白質有催化劑功能，這個數字可是二〇的二〇〇～三〇〇次方的百分之一，仍是一個天文數字，所以能夠讓體內的每種化學反應都有一種對應的酵素來催化，可以說是適材適所。

酵素的催化效率相當高，也被認為是蛋白質高度多樣性之下的天擇作用。

或許原本古老的生物體內的酵素效率不如現今，但因為體內擁有高效率酵素的生物，化學反應的能量門檻也比較低，在生存上顯得有利許多。因此，隨著演化，酵素的功能愈來愈有效率。

事實上，只要稍微改變蛋白質的胺基酸序列，酵素催化化學反應的效率就會有明顯的變化。當DNA的鹼基序列突變時，最後轉譯出來的胺基酸種類也會不一樣，因而改變蛋白質的胺基酸序列，產生不同立體結構的蛋白質，影響催化化學反應的效率。

目前已知的遺傳疾病中，就有許多是因為特定的基因序列突變，使身體製造出來的酵素（蛋白質）喪失正常功能。也就是說，只要有小小的變動，就會大幅損害酵素功能，這也顯示，現在生物體內的酵素是經歷了漫長時間的演化後，才有如此高效的功能。

用演化說明生命的機制與祕密

基於天擇作用的演化，大大影響了生物體內酵素的出現以及複雜度，這對於生物相當重要。

生物體內的化學反應方向是件很重要的事。例如分解葡萄糖可以產生能量，但若是反方向的反應，就需要一定的能量來合成葡萄糖。調控反應方向對生物來說十分關鍵，不過往哪個方向進行，是取決於反應前與反應後的物質量，催化劑本身無法控制反應的方向。

酵素可以催化正反應，也可以催化逆反應。例如在分解葡萄糖的反應中，如果環境中有許多葡萄糖分子，而沒有葡萄糖分解後的產物的話，酵素就會促進反應朝向分解葡萄糖的方向進行；但如果分解後的產物就這樣留在環境中，沒有進行下一步處理，那麼當它在環境中的含量高於葡萄糖時，酵素就會進行逆反應，將分解產物合成葡萄糖。

不過在生物體內的反應中，通常產物會馬上進行下一個反應，轉變成其他東西，所以不大會發生逆反應。在這樣的作用下，生物代謝系統就像河流一樣，朝著一定的方向前進，整體代謝機能就不停滯的持續下去。

DNA的結構、功能，遺傳資訊的表達，以及酵素的功能，形成一套機制，讓生物體內的化學物質朝著一定方向反應。這有如神蹟的精巧機制，以及生命誕生的祕密，可以用演化來說明。

10 細胞的誕生——自然形成的細胞膜

生物由「小小的房間」建構而成

一般認為，最初的生命誕生在水中，這種生命具有自己的遺傳物質，並可以進行代謝、自我複製。不過，在近乎無限寬廣的水中，那些能產生化學反應的物質即使暫時集中在一起，要是單單放著的話很快也會分解或擴散開來，無法維持生命活動。

如果要維持生命活動，就必須將遺傳物質關在一個很小的空間範圍內進行代謝反應。

現在所有的生物（除了病毒之外）都是由許多小小的「房間」（細胞）所構

圖4

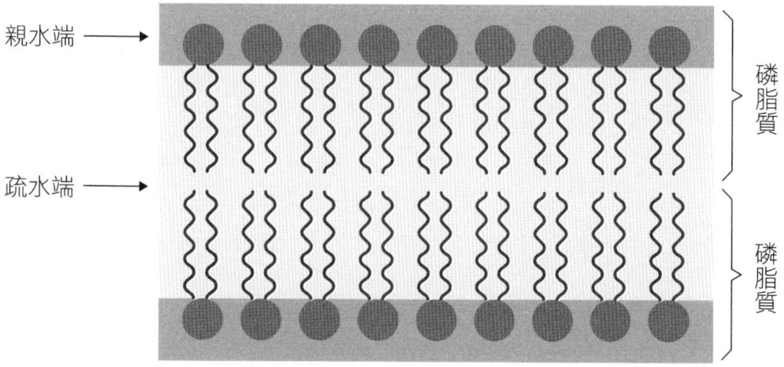

細胞膜是由兩層磷脂質構成的膜狀結構

成，而每個房間外圍被細胞膜所包圍。細胞膜是區隔生物體內與外界的界線，所以最初的生命應該就已經具備這種構造才對。究竟這是什麼樣的結構呢？這種結構又要如何自然形成呢？

細胞膜由名為磷脂質的物質組成。磷脂質的形狀大致為一個球狀的頭部加上兩條繩子般的尾巴，看起來有點像兩隻腳的章魚。請參考上方圖4。球狀部分有著親近水、遠離油的性質（親水性），尾巴的部分則有著親近油、遠離水的性質（疏水性）。

細胞膜上的磷脂質有兩層，兩層的磷脂分子尾巴彼此相對，這樣的膜圍成了球狀。

實際上，細胞膜的結構能夠自然而然形成。如果把大量磷脂質放入水中並攪拌，磷脂質會分散成一個個分子，而因為磷脂分子的尾巴部分有疏水性，所以容易親近其他磷脂分子的尾巴，隨時間經過，磷脂分子會逐漸聚集起來，尾巴彼此相向排列成雙層，這就是細胞膜的基本結構。

因為處在水中，所以磷脂質與水不親近的尾巴部分會盡可能遠離水，而親近水的頭部會排列在與水的接觸面，也就是球狀結構的內側與外側，因此這個結構相當穩定。

簡單來說，只要水中有足夠多的磷脂分子，就會自動形成如細胞膜結構的小球，分隔球內與球外的空間。

細胞的誕生

最初的生命或許就是這種包覆著遺傳物質ＲＮＡ的小球體。這就是第一個細胞。這種磷脂雙層膜的結構，並不是因為天擇所產生的，但自然形成的原因相當合理。

如果只是一一羅列出許多生命現象，要學習這些知識是困難的。但如果能知道為什麼會出現這些現象，就能更容易理解並且記憶。然而一般的生物教科書仍僅止於單純列出這些資訊，而不解釋意義，講白了是沒營養的內容。

11 細胞的結合——葉綠體與粒線體

生命必需的能量

最初的生命誕生後，演化也開始了。只要具備了遺傳、變異、選擇等條件，就會自動開始進行演化過程。隨著生物數量逐漸增加，它們也在寬廣的海洋中擴張棲息地。在不同的環境中，生物生存所需的特性也不一樣，所以棲息在不同環境中的生物就會逐漸演化出各式各樣的形態特徵。回想一下加拉巴哥群島的生物們，生物多樣性就是這樣產生的。

對於生物而言，獲得生存所需的能量是非常重要的，現今的生物主要是藉由分解葡萄糖，產生一種稱為ＡＴＰ的物質，從中提取能量。

這個過程牽涉到了兩個化學反應系統。第一個是糖解作用，這個反應會把葡萄糖轉變成另一種化學物質，並在這個過程中獲得少量ATP。所有生物都擁有這個反應系統，所以一般認為，現生生物的共同祖先就已經具備這個系統。

第二個是檸檬酸循環（TCA循環）的反應，這個反應會以糖解作用的最終產物為起點，進行氧化作用，製造出許多ATP。過程中會把檸檬酸轉變成蘋果酸、延胡索酸等物質。

檸檬酸循環的最終產物可以和糖解作用的最終產物結合，再度進行反應，也就是說，這個反應可以持續循環下去。只有利用氧氣呼吸的生物可以進行檸檬酸循環，而且這個反應是在稱為粒線體的胞器內進行。

另外，植物具有葉綠體這種胞器，可以利用光能，把水與二氧化碳轉換成葡萄糖。要是沒有葡萄糖，生物就無法藉由糖解作用與檸檬酸循環產生能量。動物藉由進食行為，從食物中獲得能量；而植物沒有口與消化系統，也不會到處覓食，因為植物能夠自己製造食物，所以演化成不需要覓食的形式。

粒線體能留存在細胞內

再多談一些粒線體與葉綠體的話題。

粒線體與葉綠體和其他胞器不大一樣。因為這兩種胞器有自己的ＤＮＡ，不同於細胞本身的ＤＮＡ。這兩種胞器內的ＤＮＡ可以製造出數種特定的蛋白質，做為催化劑，參與胞器內部的化學反應。

為什麼會這樣呢？人們從前並不曉得答案，不過現在似乎找到了一些線索。

有人提出這樣的假說。粒線體與葉綠體從前可能是別種生物的細胞，結果被某個細胞吞入後，就成了這個細胞內的胞器。粒線體原本可能是一種能夠消耗葡萄糖而產生能量的細胞；而葉綠體原本可能是一種能夠利用光能生產出葡萄糖的細胞。吸收了粒線體或葉綠體的細胞，獲得了它們的能力，大幅提升生存優勢。

於是，粒線體和葉綠體就像現在人們飼養的家畜一樣，以胞器的形式生活在細胞這個安穩的家園中。目前已知細胞核內的ＤＮＡ儲存著原本屬於粒線體的基因，有人認為這可以支持細胞吞噬粒線體的假說。

比喻來說，粒線體與葉綠體抱著「想和你合而為一」的心情與細胞融合，使這個細胞演化成了新的生命體，這可以讓細胞產生飛躍性的變化，和基因突變是不同的演化機制。生物界真是寬廣啊。

12 基因體之戰

細胞與粒線體的關係

一般認為，粒線體、葉綠體和它們存在的細胞本體原本分屬於不同生物，是在這個細胞吸收了粒線體、葉綠體之後，它們才成為了細胞的一部分。之後粒線體、葉綠體便一直住在細胞內，並由細胞提供能量與代謝物質，像是家畜一般的角色。

野豬在人類馴養下成為家豬，這表示家畜會在人類的影響下改變特性，變成需依賴人類才能生存的生物。那麼細胞和粒線體或葉綠體之間，是否存在這種關係呢？

不同的生物具有不同的遺傳物質，現在的粒線體與葉綠體具有ＤＮＡ，可能代表著原本另一種生物所留下的痕跡。只要滿足遺傳、變異、選擇等條件，適應性演化就會自動發生，DNA上有許多基因，而且這些基因能夠與周圍物質產生交互作用，成為一個生命體。

具有粒線體或葉綠體的細胞內含有多個基因體，包括細胞本體的基因體（核基因體），以及粒線體或葉綠體的基因體。這些基因體在細胞複製時都會各自複製出複本。

以粒線體為例。在消耗等量葡萄糖時，有粒線體的細胞比沒有粒線體的細胞可以產生更多能量，更有利於生存；對於粒線體來說，如果這些細胞大量增生，便同樣能產生大量粒線體，比在外界單獨生存時更有利。

也就是說，細胞與粒線體有著互利共生般的關係。相反的，和細胞同居的粒線體要是離開細胞，會對細胞造成很大的傷害。於是細胞也演化出防止粒線體逃出的機制。雖然兩者之間是互利共生的關係，但也會分別演化出防止自己陷於不利狀況的機制，使自己盡可能掌握主導權。

核基因體的取巧方法

科學家仔細研究了細胞的核基因體與粒線體基因體，揭示了基因體戰爭的結果。目前的核基因體上，保留了一些原本應屬於粒線體基因體的基因。因為由這些基因製造出來的蛋白質，可在粒線體內發揮功能，是產生能量時的必要酵素，因此推論這些基因原本應屬於粒線體。

那麼，為什麼會這樣呢？從細胞的角度來看，要是粒線體離開細胞會是很大的損失，如果從粒線體上拿走一些基因，併入自己的基因內，這些粒線體就無法獨立生活了。也就是說，細胞藉由這種方式來控制粒線體，防止它逃脫。

科學家猜測，目前仍留在粒線體內的基因，未來也可能會陸續移動到細胞核內。細胞與粒線體的關係表面上看似互利共生，實際上卻是激烈的拔河比賽。

在生物的世界中，互相合作的同時，也會產生競爭。就像人類依照自己的需求，將野生動物改良為家畜並加以控制一樣。

13

製造能量①——為什麼酵素需在水中進行反應？

沒有葉綠體的生物……

粒線體負責產生能量，葉綠體負責合成葡萄糖，雖然兩者的功能不同，但都跟能量代謝有很大的關係。地球上所有生物都需要以某種形式從外界獲得能量，並轉變成能夠代謝的形式，才能維持生命。而做為能量原料的葡萄糖，並不會自然產生。

生命活動所需的葡萄糖，幾乎都是藉由植物的葉綠體將光能轉換成化學能，儲存於葡萄糖內，然後被帶入生物界的。也就是說，要是沒有葉綠體，生物便無法補充能量，整個生物界就會毀滅。

在食物鏈中，草食動物吃植物，肉食動物吃草食動物，這些生物死亡後又會被細菌分解產生養分，植物又再吸收這些養分而生長。這個過程中，維持生命活動時所消耗的能量，會有一部分以熱的形式逸散到環境中，所以生物必須再從其他地方補充這些熱能，才能使能量持續流動。因為有植物持續把太陽光的能量轉變成葡萄糖，使能量進入生物圈，才得以維持物質的循環和能量的流動。可見葉綠體是多麼重要的胞器。

另一方面，粒線體的重要性也不遑多讓。糖解作用可在不利用氧氣的情況下分解葡萄糖，然而這種方式只能獲得少量的ATP。在等量的葡萄糖之下，有了在粒線體中進行的檸檬酸循環（有氧原子參與），生物才可獲得更多ATP來運用，因此才可建構現在這個有大量生物的世界。

教科書中沒提到的事

葉綠體和粒線體這兩個與能量代謝有關的胞器有一個共通點，外圍都是由雙層磷脂質構成的膜，顯示它們最初可能源自於其他細胞。

“圖5”

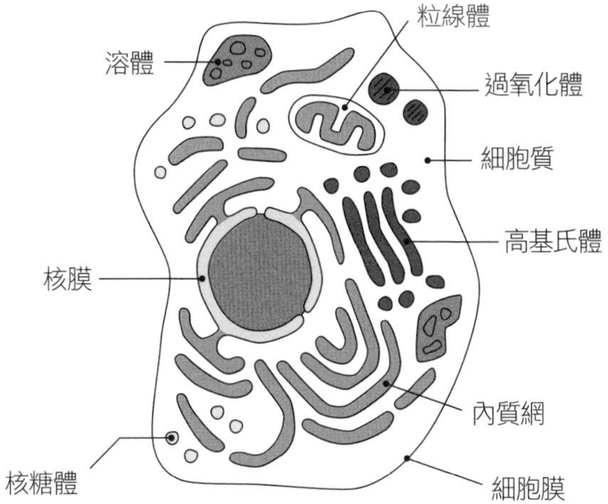

另外，這兩個胞器內部還具有其他膜狀結構。由它們的構造可以看出，胞器外側有一層膜，內側也有不同的膜，圍住一個充滿液體的空間。如圖5所示。

胞器內的液體稱做基質。粒線體的基質稱做matrix、葉綠體的基質稱做stroma；而粒線體的內膜延伸折成皺褶（cristae），葉綠體內部堆疊的膜狀構造則稱做類囊體（thylakoid）。兩者的基質內會進行分解／合成的化學反應（粒線體為檸檬酸循環、葉綠體為卡爾文循環）；內部的膜狀結構則會藉由電子傳遞能量，把一種物質轉變成另一種物質，就是所謂的電子傳遞鏈。

一般生物教科書中，完全不會說明為什麼這兩種胞器會形成這樣的結構，所以學生只能把內容全部背起來，也就是死背基質－葉綠體－卡爾文循環，皺褶－粒線體－電子傳遞鏈這樣的內容，我真不喜歡。其實，這種反應機制的形成有必然的理由，首先讓我們來看看，為什麼化學反應會發生在基質吧。

在水中反應的酵素

化學反應是將一種物質轉變成另一種物質，一般狀況下，需要很多能量或是加熱才能產生反應，但生物體在溫度超過六〇度時，蛋白質就會失去功能，所以需要使用酵素催化反應進行，降低化學反應的能量門檻。

基因經過轉錄和轉譯後會生成胺基酸長鏈，胺基酸長鏈再經過摺疊後可以得到具有特定立體結構的蛋白質。酵素就是一種蛋白質，可以催化特定化學反應，而且效率很高，在不允許高溫高熱環境的生物體內，也能夠產生化學反應。

酵素之所以能夠做為催化劑使用，就是因為蛋白質有著多變的立體結構，每種特定的立體結構，只能在特定物質上發揮催化作用。為了讓胺基酸鏈依特定方式摺疊，而且不會任意改變摺疊後的形狀，需要各個胺基酸所攜帶的正電荷與負電荷彼此吸引，才能維持形狀。

這種蛋白質的摺疊只能在水溶液中發生，因為這些胺基酸需要在水溶液中才會解離，產生正負電荷。簡單來說，蛋白質只有在水溶液中才能呈現出立體結構，表現催化劑的功能。

這樣你應該就知道，為什麼檸檬酸循環與卡爾文循環等化學反應系統需要在液態的基質內進行了吧。因為只有在水溶液中，蛋白質酵素才能發揮功能，催化化學反應進行。

酵素只能在水溶液中反應——這不僅是「背誦」，而是在明白了一個合乎邏輯的原理之後，「理解」到生命表現出來的現象。

這種「理解」與「背誦」不同，不容易忘記。這和我現在的專業領域幾乎沒什麼關係，但我還是記得很熟，所以在這裡推薦給大家。

14

製造能量②——為什麼電子傳遞鏈需固定在膜上？

像在接力傳水桶

粒線體與葉綠體都有著多重膜狀結構。除了胞器本身的外膜，內部還有稱為皺褶或類囊體的膜。這層膜上存在著稱為電子傳遞鏈的反應系統。這個系統可以把電子原本帶有的能量轉變成質子（氫離子）的濃度差。而負責傳遞電子的蛋白質則是埋在膜上的細胞色素 a、b、c 等各種蛋白質。

反應開始時，酵素把大量能量充入氫原子的電子上，使電子從原本的狀態（基態）躍遷到能量較高的狀態（激發態）。接著電子傳遞鏈可抽取這些高能電子的能量。電子會在四種不同的蛋白質複合物之間傳遞，每傳遞一次，就會釋出一些能量。就好像一群人排成一列在傳遞水桶一樣。

葉綠體的類囊體膜上有電子傳遞鏈，細菌等沒有粒線體的原核生物的細胞膜上也有電子傳遞鏈。不管是哪個生物，電子傳遞鏈都固定在膜上，為什麼呢？

「電子」的傳遞

這是因為，電子傳遞鏈所傳遞的「電子」必須在許多蛋白質之間，依照一定的順序傳遞。

由酵素催化的反應系統，因為必須在水溶液中作用，因此化學反應的產物會自由漂蕩在溶液中，直到遇到下一個酵素，才會進行下一個反應。即使整個系統包含了許多反應，這些反應也可以同時進行，不會彼此衝突。

不過，傳遞「電子」的電子傳遞鏈就不是這樣了。如果要從處於激發態的電子中提取能量，就必須讓類囊體上的各個蛋白質依照特定的順序傳遞電子才行。要是沒有依照 A→B→C 的順序傳遞電子，就沒辦法從電子中獲得能量。原本處於激發態的電子在經過類囊體膜上的電子傳遞鏈後，能量會逐漸降低。

原本處於e狀態（激發態）的電子經過A的處理之後會轉變成a狀態，然而a狀態的電子必須交給B處理，之後會轉變成b狀態，同樣的，b狀態的電子必須交給C處理才行。電子傳遞鏈必須像這樣依照順序才可進行，而且最初進入電子傳遞鏈的電子必須是e狀態。

因此如果我們想要讓某個處於特定狀態的「電子」依特定順序處理的話，最有效率的方式就是像這樣把蛋白質依照順序固定在膜上，依序處理電子，這就是我們看到的電子傳遞鏈。排成一列的細胞色素會把電子一個個傳下去，就像傳遞水桶的隊伍一樣。

由以上內容可以很容易的理解，化學反應系統為何必須存在基質中，而電子傳遞鏈為何必須存在膜上。

生物遵循著一定的規則

了解酵素需在水中反應、傳遞電子需依順序進行之後，就不需死記粒線體、葉綠體、膜、基質、檸檬酸循環、電子傳遞鏈等名詞的組合了。當然，類囊體、基質等名稱還是要記下來才行，卻不需一個個分開來記憶。

人類並不擅長死背東西，例如「記住電話簿中的每個號碼」就是不可能的任務。然而過去的生物教科書，就像是要學生記住電話簿中的每個號碼一樣，章節之間沒有關聯，整本內容沒有脈絡，僅條列出「生物學就是如此這般」的內容，學生當然記不住。

從三十八億年前開始，生物一直遵循著天擇的規則演化至今。我們目前看到的現象，都建立在合理的原理之上，並受到物理、化學原理的限制。也就是說，生物會從當下各種可用的條件中，盡可能選擇一個最合理的選項來行動。

嗯——不管怎麼背都很難背得起來耶……
生物教科書

Part2

想說給別人聽的生物故事

ATP

01 植物為什麼是綠的？

光合作用的兩個階段

具有葉綠體的植物可以自行產出葡萄糖，用來儲存能量，但如果沒有能量來源，就沒辦法合成葡萄糖。而葉綠體可以吸收光能來進行化學反應，這個反應過程就稱做光合作用。那麼光合作用是怎麼一回事呢？

光合作用的反應可以分成兩個階段，一個是光反應，另一個則是卡爾文循環（碳反應）。

光反應中，葉綠體會用吸收到的光能激發電子，再從這個激發態的電子中提取能量，把它轉換成另一種能量形式，用來合成葡萄糖。

葉綠體利用葉綠素這種色素來捕捉太陽光中的能量，葉綠素受到光照時，會讓水分子中的氫原子的電子躍遷至激發態。這個過程會將水分子（H_2O）分解成氫和氧，其中，氧原子會以氧氣（O_2）的形式釋放出來。

接著，固定在膜上的許多蛋白質會開始傳遞這個激發態的電子，形成電子傳遞鏈，提取電子中的能量，這和粒線體內的電子傳遞鏈原理相同。

從電子中提取出的能量會保存在ATP中，這是種可回收的物質。由於光反應包含電子傳遞鏈系統，所以是在葉綠體的膜（類囊體）中進行，因為蛋白質固定在膜上依照特定順序傳遞電子，才有較高的效率。

葉綠素可吸收太陽光

光合作用的另一個重要階段是卡爾文循環。卡爾文循環需利用空氣中的二氧化碳，再利用光反應中產生的ATP，合成出葡萄糖。這是把一種物質轉變成另一種物質的化學反應系統，並且需要酵素參與，所以需在葉綠體內側的水溶液部分（基質）進行。

葉綠體吸收了二氧化碳與光能，經過兩個階段的反應後，可以合成出葡萄糖。世界上幾乎所有生物，都仰賴光合作用引進外界的能量到生物圈而得以生存，所以光合作用是生命世界不可或缺的化學反應。

除了植物之外，只有極少數細菌可以自行利用外界的能量來合成葡萄糖。葉綠素這種色素包含許多種類，都可以利用太陽光的能量。太陽光沒有特定顏色，不過只要是光就具有波長。人眼可看到的光波長範圍為三六〇～八三〇nm（奈米）。若使白光通過三稜鏡，可以看到光被分成彩虹的七種顏色。這是因為白光含有各種不同波長的光，波長不同，折射率也不一樣，所以白光通過稜鏡後會散開成多種顏色。

彩虹的七種顏色中，波長由短到長分別為紫、靛、藍、綠、黃、橙、紅。事實上，光的波長是連續的，顏色也是連續的變化，只是我們會把散開來的光看成這幾種顏色。那麼，葉綠素能夠吸收、並藉此獲得能量的光又是哪些色光呢？

反射出哪種顏色？

圖6為葉綠素的吸光曲線，三種葉綠素的曲線都有兩個高峰，這表示葉綠

圖6

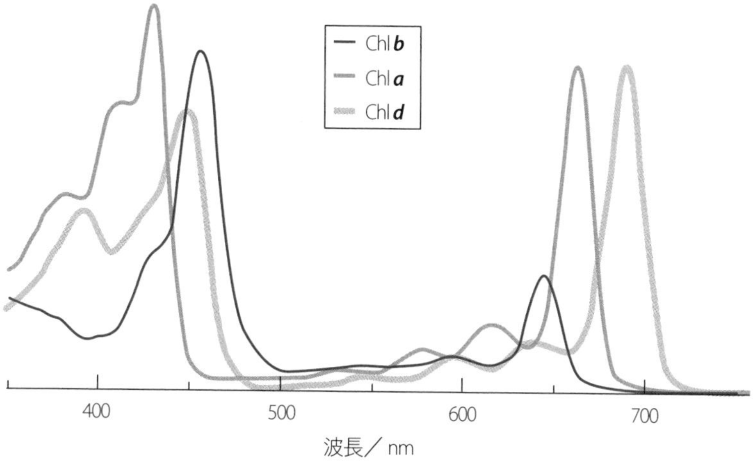

素在這兩個波長的地方會吸收比較多的光。因為考試會考葉綠素的吸光曲線，應該有不少人會把這些數字背下來吧。以前我也會這麼做。不過仔細想想就會知道，這樣的吸光曲線是有原因的。

圖6表示，葉綠素的吸光高峰位於藍光（四三五～四八〇奈米左右）與紅光（六一〇～七五〇奈米左右）。那麼，會被葉綠素反射而不吸收的光又是什麼色光呢？是的，就是綠光。想想看，植物為什麼是綠色的？沒錯，就是因為葉綠素沒有吸收利用到綠光，才會反射綠

光，讓人們的眼睛看到綠色。

當一個物體呈現出某種顏色時，就表示它會反射這種顏色的光。了解到這件事之後，就可以推論出葉綠素的吸光高峰位於藍光與紅光，而事實正是如此。當然，準備考試時，需要把精確的波長數字背起來，不過，如果我們知道彩虹的七種顏色與光波長的關係，大致上就能明白哪種顏色對應到哪個波長了。如果題目是「葉綠素 a 的吸光高峰數值最接近以下哪個數字？」之類的選擇題，那麼就應該回答得出正確選項了。

為什麼蛙卵是黑色的

順帶一提，如果一個東西會吸收所有波長的光，完全不會反射出可見光範圍內的光，那麼看起來就是黑色的。你應該也聽過，在太陽光的照射下，黑色的東西很容易吸熱，這是因為它吸收了所有波長的光能。

早春時期的水溫偏低，而水中的蛙卵多為黑色，就是因為它要吸收更多陽光、提升溫度，促進胚胎發育孵化。不過，在背對陽光處的石頭上產卵的蛙類，產下的卵則呈現接近白色的淡黃色，因為這些卵不需要吸收陽光的能量。這再次說明了事物的現象基本上背後都有原因。

把複雜的知識依照一定邏輯，整理歸納成有層次的知識後，會變得比較好記。只要知道原因，就不需要花太多心力背誦了。了解知識背後的原因並不是額外多讀書，相反的，把沒有關係的兩件事連結起來，正是幫助記憶的捷徑。日本也有一句諺語說「想趕路的話就繞遠而安全的路」，意思是欲速則不達。

02 細胞會互相合作

複製時會出錯

一般認為，最初的生命是由雙層磷脂質所包成的小囊，這個小囊內擁有能夠自我複製，並可做為催化劑的ＲＮＡ。顯然，這是一個單細胞的自我複製系統。只要具備遺傳、變異、選擇等條件，演化就會自動發生。

自我複製是遺傳的一項機制。然而，複製鹼基序列時，難免會產生錯誤，發生突變。而且當製造出一個會消耗相同資源的對象時，會帶來生存競爭。

現在的單細胞生物可能從古時候就一直保持著單細胞的形態演化至今，不過遺傳物質已從ＲＮＡ換成穩定性較高的ＤＮＡ，催化劑也換成了結構更具彈性、多樣性較高，更適合催化反應的蛋白質。

於是，細胞內部演化出了一個個胞器，分別負責各種維持生命所需的工作。一般認為，胞器專業分工之後，有助於提高細胞整體的代謝效率。

最初的細胞就像現在的細菌一樣，遺傳物質DNA任意漂浮在細胞內，但隨著細胞功能變得複雜，以及遺傳資訊的增加，細胞演化出了核膜這種囊狀結構，把DNA包在裡面，這類有細胞核的生物稱為真核生物。

真核生物還會用蛋白質捲起DNA（＝染色質）以縮小體積，好像把綿線纏繞在線軸上一樣。這可能是因為真核生物的DNA非常長，為了防止DNA斷裂或互相糾纏，便捲起來形成染色質，以降低基因受損的風險。

多細胞生物的誕生

別忘了，早期的生物曾藉由吞噬其他細胞來獲得葉綠體與粒線體，使生物代謝能量的系統出現革命性的變化。因為所有植物細胞都具有粒線體，所以最初的真核細胞被認為應該是先吞噬了粒線體，之後才獲得葉綠體，演化成植物細胞。

於是，這樣的方式創造出現生生物界裡的單細胞生物。單細胞生物的機能變複雜，例如演化出胞器的分工合作系統，是在天擇的壓力下追求效率的結果。

一群單細胞生物在經過激烈的競爭後，最後留下來的細胞，都是有高度複雜機能、高度反應效率的生物。但一顆小小的細胞再怎麼複雜化，還是有極限。

當時世界上只存在單細胞生物，如果這時出現了更複雜的生物，應該更能適應環境才對。如果有種生物可以超越單細胞生物的限制，將能開拓出生物界的新天地。

革命性的變化發生了，那就是透過許多細胞的合作，超越單一細胞的能力極限，這就是多細胞生物的誕生。

團藻是什麼？

最初的多細胞生物應該是許多單細胞生物連結而成，現今也仍然有這種生物存在。有一群稱為團藻的植物性浮游生物，就是由許多細胞彼此相連組成球狀，團藻的細胞分化為兩種類型，分別是生殖細胞以及體細胞。團藻的親戚實球藻，則是每個細胞都能自行繁衍下一代，然後再釋放出細胞，結合成新的實球藻個體，實球藻中每個細胞的功能都一樣，沒有分工的情形。請參考下頁圖7。

不過，就算只是集合在一起也有優點。例如，植物性浮游生物會被動物性浮游生物捕食，但當許多細胞結合成一團時，就會變得比動物性浮游生物的口部還要大，這樣就不易被捕食了。

要是一顆細胞的體積太大，外膜可能會承受不住內容物的重量而破裂，所以單細胞的體積無法長太大，就像氣球會因膨脹過多而破掉一樣。因此如果要讓體積變大以避免其他生物捕食的話，必須像團藻一樣有許多顆細胞聚集在一起。

由許多細胞聚集而成的生物需要互相合作。當個體間合作時，權衡自身與整體的利害關係，是一個重要的問題。有時候，即使對整體有利，對於個體自身卻會造成損失，這種生物便不會朝向互相合作的方向演化。

儘管細胞與粒線體來自不同的生物，但共同生存時都能獲得利益。即使如此，核基因體為了控制粒線體，仍會在演化的過程中，強迫粒線體把一部分的基因轉移到核內的DNA。我會在其他章節中談到該如何解決這種利害衝突，這裡就先來看看，多細胞生物走上什麼樣的演化道路。

圖 7

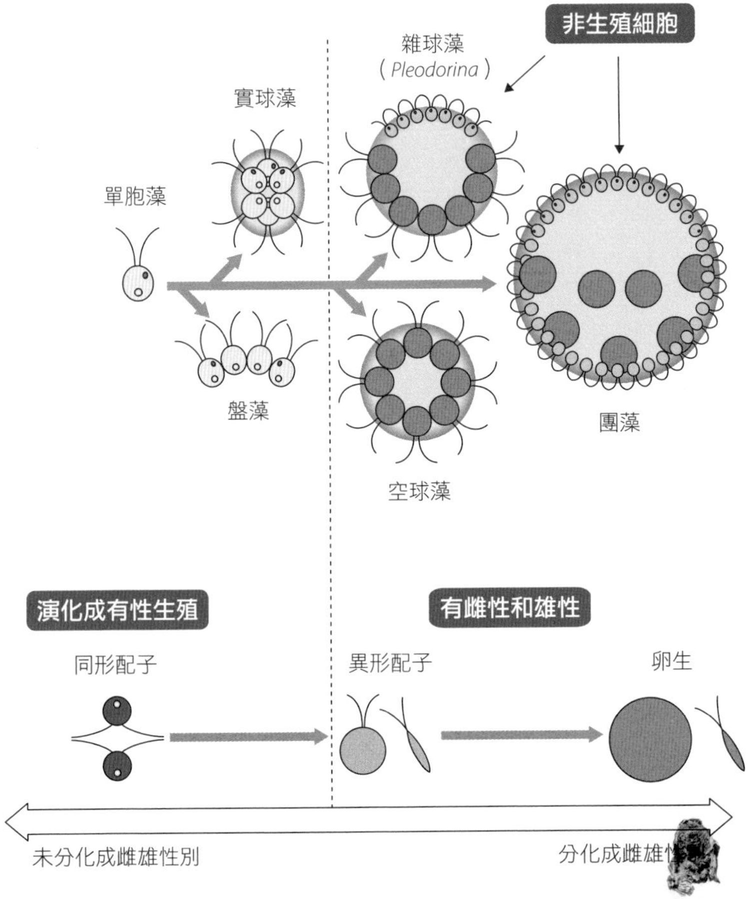
非生殖細胞
雜球藻
(*Pleodorina*)
實球藻
單胞藻
盤藻
空球藻
團藻
演化成有性生殖
有雌性和雄性
同形配子
異形配子
卵生
未分化成雌雄性別
分化成雌雄性

持續演化的多細胞生物

如同前面提到的實球藻，早期的多細胞生物只是由許多相同的細胞聚集而成。但經過一段時間後，各個細胞卻分別發展出了獨特的功能，有的細胞發育成嘴巴，有的細胞發育成消化器官。目前幾乎所有多細胞生物都具備細胞分工合作的現象。為了讓細胞分工合作，必須達成一個很重要的條件，這也會在後面的章節中討論。

無論如何，在細胞分工合作後，多細胞生物演化出單細胞生物難以企及的多樣化形態。因為多細胞生物的個體體型更大、細胞彼此分工合作，便能夠適應單細胞生物無法居住的環境。生物一開始只能在水中生存，多細胞生物卻能逐漸適應陸地環境，最後還演化出能在天空中飛翔的鳥。

只要有一個空著的可棲息區域，似乎就會逐漸有生物進入那個區域，並在那個環境中演化成多樣化的形態。但是目前還沒出現能生活在太空中的生物，基本上生物的棲息地主要是在地球上……。許多科幻小說會寫到，進入太空後的人類會演化成新的生物，不過目前那還只是個夢想而已。

細胞出現分工合作現象後，演化出多細胞生物，事實上，這和單細胞生物的演化十分相似。單細胞生物最初的結構相當簡單，後來開始使用ＤＮＡ與蛋白質，並演化出各種胞器，形成了複雜的細胞內分工制度。

而多細胞生物出現細胞間的分工合作，同樣使體內機制複雜化，這樣的生物能適應各種棲息環境。

在確保個體的利益之下，生物會盡可能達成分工合作的系統，演化成更加適應環境的樣子，這可以說是貫徹生物界的真理。

多細胞生物的出現，為生命世界帶來了飛躍性的多樣化，那麼再往前一級的進展又會是什麼呢？沒錯，就是一群多細胞生物之間的互相合作。

03 為什麼蜜蜂會互相合作？

社會性昆蟲的二三事

就像單細胞生物的細胞會與粒線體、葉綠體合作，多細胞生物的細胞間會彼此分工一樣，某些動物也會集體生活，互相合作。

這些動物中，又以螞蟻、蜂、白蟻等「社會性昆蟲」最有名。牠們的社會主要由負責產卵的蟻后／蜂后（白蟻的話還有蟻王），以及負責其他工作的工蟻及兵蟻／工蜂組成。社會性昆蟲的成員會互相合作，這種團體稱為「族群」（colony）。

蟻群／蜂群成長到一定程度後，會產出下一代的女王及雄蟻／雄蜂，建立新的群體，新生的群體與原先的群體互為競爭關係。一顆細胞或一個生物個體都可以當成一個功能性單位，而社會性昆蟲的「族群」則是超越了個體層次的功能性單位。

當有複數個體互相合作時，在演化的觀點中存在一個問題。因為每個個體都有自己的ＤＮＡ，並能夠自我複製，在天擇之下，每個個體會朝著最高繁殖效率的方向演化。所以只有在「合作能夠增加基因遺傳效率時」，才會往合作的方向演化；要是互相合作不會比較有利繁衍的話，就不會往合作的方向演化。

驚人的研究成果

但是，我們很難找到一種生物或一個細胞來確認「兩個個體或細胞互相合作時，是否比不合作時更有利於生存」。因為現在大多數已經展現合作生活的物種中，幾乎找不到單獨生活、不與同伴合作的生物，所以也就無從比較。

細胞也一樣，在其他各項條件相同的情況下，很難找得到不具有粒線體的細胞，所以我們不曉得細胞與粒線體到底是分開來生存比較有利，還是共生比較有利。在驗證生物個體間的合作時，這是一大難題。在演化中，這些互相合作的生物，究竟有沒有保障到自身的利益呢？這個問題有很長一段時間都找不到答案。

不過，近來科學家在蜂類的研究中證實了這點。有種小型的隧蜂，學名是 *Lasioglossum baleicum*，牠會蒐集花粉製成花粉團來餵養幼蟲，蜂后與工蜂在形態上沒有明顯差異。越冬後的早春時期，蜂后會開始建立巢穴，並在初夏時產下第一子代。這個子代在夏秋之間長為成蟲，此時蜂后會產下第二子代，第一子代則會幫忙養育手足。

不過，在我們調查了養育出第二子代蜂的蜂巢後，發現每七～八個蜂巢中，會有一個蜂巢內只有一個雌蜂（工蜂）負責哺育工作。如果以此來研究，或許可以觀察比較，是否多雌蜂的巢比單雌蜂的巢更適合養育子代。於是我就和我的研究生八木議大，一起調查這種隧蜂的行為。

隧蜂會在土壤中挖掘深度約一〇公分的隧道，再沿著隧道挖出許多約成人小指尖大小的房間，然後在小房間內產卵，放入花粉團後蓋起來，做為育幼房，幼蟲就吃這些花粉團長大。我們在第二子代蜂結蛹的時間挖出蜂巢，計算蜂巢中有多少個育幼房，裡面又有幾個蛹。

卵孵化後成為幼蟲，幼蟲持續發育成長後便會結蛹。所以要是育幼房內有結蛹，就表示卵有順利孵化成長；要是育幼房是空的，就表示卵已經死亡。

子代的存活率

調查結果讓我們大吃一驚。由許多隻雌蜂養育幼蟲的蜂巢內，約有九成的育幼房都有蛹；但僅由一隻雌蜂養育幼蟲的蜂巢內，只有約一成的育幼房內有蛹。也就是說，在有許多隻雌蜂的蜂巢內，幼蟲的生存率明顯較高，可以產出較多子代。顯示互助合作確實比孤軍奮戰還要好。

為什麼會這樣呢？關鍵似乎在於這些蜂保護幼蟲的方式。我們在後來的研究裡，假設巢內有成蟲在時，可以保護幼蟲不被捕食者吃掉，於是在實驗中隨機釋放捕食者到蜂巢周圍。

結果顯示，當捕食者的入侵率提高到一定程度後，有許多隻雌蜂育幼的蜂巢存活率會比較高。如果有兩隻雌蜂的話，存活率就會變成兩倍以上；有三隻雌蜂的話就會變成三倍以上。也就是說，只要有多隻雌蜂共用一個巢穴，即使牠們沒有合作，也仍然有利於整個族群的生存。

實際觀察蜂群時發現，有許多隻雌蜂的蜂巢，雌蜂會輪流進出蜂巢，盡可能不讓蜂巢空著，保持有守衛的狀態；而只有一隻雌蜂的蜂巢，雌蜂會到傍晚之後外出覓食，因為如螞蟻等的捕食者在這時比較不會出來活動。

這樣的結果顯示，隧蜂之所以演化成互相合作的生存方式，是因為團體作戰可以提升防禦捕食者的效率，個體的利益也隨之提高。

防禦捕食者可以說是生物演化成互相合作的重要原因。前面提到的團藻例子也是一樣，細胞聚集在一起時就不易被捕食了，生存機會從接近零一口氣提升到很高。

當一種生物原本單獨生活時的生存率愈接近零，在進行合作提升生存率後，所增加的利益幅度會是以倍數成長。只要聚集了一定數量，就可以比單獨生活時獲得更大的利益。

動物藉由組成群體可降低被捕食機率，就算是人類，集合成群體也有好處。和人類有共同祖先的猴子，戰鬥力並不高，單獨一隻猴子無法抵抗肉食野獸。但集體作戰的話就不一樣了。當許多個體通力合作，便可狩獵更大的獵物，也能夠對抗捕食者。單一個體對抗捕食者時，獲勝機率近乎於零；但只要互相合作，即使生存率僅提升一點，每個個體仍然比原先得到更多的利益。

當然，這還只是假說。不過自然界中有許多生物就像這種隧蜂一樣，透過互相合作來逃離捕食者。我為人人、人人為我——在描述生物之間的合作關係時，這句話只有一半是對的。當然只有後半是真理。

04 器官的分工有道理

不同兵蟻做不同的工作

只有在細胞或個體間彼此合作，會比獨立更有利於生存時，才會演化成多細胞生物或社會性生物。不過，一旦演化出合作關係，也會出現更為複雜的模式，那就是分工。

實球藻與隧蜂的族群中，互相合作的個體基本上是同等的，沒有誰與眾不同，這是原始的合作。我們所談的社會性昆蟲族群中，蜂后／蟻后就與工蜂／工蟻有明顯的形態差異跟任務分工。幾乎所有的卵都是由蜂后／蟻后產下。

某些種類的螞蟻中，除了工蟻之外還有兵蟻，而兵蟻也分成很多類型，形成更加複雜的分工模式。目前尚未釐清不同類型工蜂的形態差異，可能是有著「不能飛的話就不能做某些工作」的限制。因為工蜂的行為模式不同，在組織內就產生分工的現象。

多細胞生物的細胞分工也是類似情況。雖然實球藻沒有細胞分工，但人類細胞的分工就相當明顯。我們的細胞分化為各種器官，形成眼睛、腳、大腦等，不同性質的細胞構成了體內的各種器官。

因為有器官分化，提高生存能力，多細胞生物便能探索那些本來沒有生物棲息的地方。工蜂與工蟻的分工，就像體內各種器官的分工一樣，可以擴大生物所能夠適應的環境範圍。

為什麼只有動物有心臟？

人類的各個內臟都有其獨特功能，心臟提供血液循環的動力、肺臟用於呼吸空氣、腎臟可過濾血液中的廢物，肝臟的功能是分解有害物質。在這些複雜系統的作用下，即使外界環境條件改變，體內仍能維持一定狀態（恆定性），所以當生物移居到不同的環境，也能夠生存下去。動物在演化過程中出現器官分化的現象，顯然也是適應的結果。

順帶一提，各個器官的存在都有合理的理由。舉例來說，心臟是在生物界演化出多細胞生物之後才出現的器官。單細胞生物沒有心臟，體內的物質循環靠的是細胞質緩慢的流動，以及內質網與高基氏體等負責運輸的胞器。只有在細胞這樣小小的空間內才能利用這種方法。

如果是動物或植物這種體積龐大的多細胞生物，就沒辦法使用這種緩慢的方法了。植物會藉由細胞之間的滲透壓差異，把物質運送到身體各處；具有肌肉組織的動物，則演化出心臟這種像幫浦一樣的結構，可強制讓血液循環。

只有動物才有心臟，因為需要快速的運動身體，這時必須把氧氣「迅速」送到全身肌肉，才能產生足夠的能量來活動。

當然，要把氧氣運送到全身，需要許多器官的配合才行，包括心臟、肺臟、血管等。動物會藉由鰓或肺等呼吸器官，從外界獲得氧氣，並儲存在血球之類的組織內（人類的話是紅血球）。

接著，氧氣會順著心臟打出來的血流，被運送到全身各個角落，到了末端的微血管時，紅血球會釋放出氧氣，換成跟身體組織中的二氧化碳結合，接著再隨著血液流到肺部。

充氧血與缺氧血

血管可以分成從心臟往身體組織的血管（動脈），以及從身體組織回到心臟的血管（靜脈），動脈與靜脈的交界處就在心臟。另外，回到心臟的血液必須前往肺部補充氧氣，所以血液循環的過程中得經過肺一趟。

肺可以把血液中攜帶的二氧化碳排出，並讓空氣中的氧氣進入血液內。肺的血管非常細，附著在由薄膜構成的肺泡上，肺泡是進行氣體交換的場所。

從身體末端返回的血液首先會匯聚到心臟，接著這些缺氧血會再次被加壓輸送，經由肺動脈這條血管流向肺部。

缺氧血抵達肺部後，進行氣體交換，補充新鮮氧氣，成為充氧血，到了肺靜脈的血壓降得更低。然而低壓狀態下，無法把血液送到身體末端，所以肺靜脈的血液會先回到心臟，再由心臟幫浦把血液打向身體末端。

換句話說，血液循環繞了兩個圈。乍看之下好像令人困惑，不過你只要記得，離開心臟的血管是動脈，進入心臟的血管是靜脈；從肺流出的血液富含氧氣，流入肺的血液缺乏氧氣，這樣記憶知識就不會感到混亂了。簡單來說，肺靜脈為從肺流向心臟的靜脈，為充氧血。這些充氧血會先流向身體末端，經氣體交換成為缺氧血後，再經由靜脈回到心臟，然後經由肺動脈送到肺裡。雖然肺動脈是動脈，但卻含有缺氧血。

看起來很複雜的現象……

從前面的敘述可以知道，器官的分化與分工都有合理的原因。人體器官有非常多種，準備考試時，必須記住每個器官的功能。不過，只要將各個器官分成幾大類來理解，如循環系統（心臟、血管）、呼吸系統（肺）、消化系統（腸、胃）、排泄系統（肝、腎），記憶起來就會簡單許多。而且這些器官的功能其實與胞器相當類似，可以彼此對照，例如血管就和內質網的輸送功能相似。

單細胞生物與多細胞生物乍看之下完全不同，但都是藉由各個單位（胞器／

器官）的分工合作來提升整體工作效率，並保持穩定性。許多看起來很複雜的現象，可以根據它的原理規則來整理成有條理和層次的內容，就容易吸收理解。學習的過程，就是去理解這些內容。

或許有些人會因為讀不好書而覺得自己頭腦很差、唉聲嘆氣，但這些人可能只是因為「不知道如何整理書中內容」而已。若只是自己抱著膝蓋想著「我什麼都不要做」的話，什麼問題都解決不了。

如果知道怎麼將知識整理歸納成有系統、更好理解的內容，至少在生物這一科上，學習時會變得輕鬆許多。學習時只要知道原理，便能百戰不殆。

05 你想當哪個器官呢？

演化時的競爭

不論是在一顆細胞內部、一個多細胞生物體內，或者是一群生物族群之中，每個單位都會分化成具有特定功能的單位，來提升整體的工作效率與穩定性。當然，演化成合作模式的前提是，對於各個單位而言都能變得更有利於生存。

演化是一種「以能夠遺傳及變異的實體為單位」所進行的過程。只要是生物，每個個體都有自己的DNA，只要存在許多個體，彼此就會競爭誰的DNA複製效率比較高，以個體（DNA）為單位進行天擇與演化。

演化中的競爭概念與我們一般說的競爭不大一樣，並不是指生物彼此相殘，而是在比較誰的複製效率比較高，複製效率高的生物，增加的速率自然就比較快，最後整個族群內就只剩下這種個體。這是必然會發生的事，和個體間彼此是否發生衝突爭鬥無關。

達爾文剛提出演化論時，有人批評「看看這世界的生物，並沒有都在互相戰鬥不是嗎？哪裡有競爭呢？」這種想法顯然不對。

舉例來說，假設有兩個人來分糧食，或許彼此會商量平分這些糧食，表面上好像沒有競爭，但這兩人在同樣時間內所消耗的能量並不相同，因此即使平分糧食，能量消耗率較大的一方會比較不利。所謂的生物競爭就是這麼回事。

你想成為身體的哪個部分？

考慮到生物競爭的勝負跟遺傳物質複製的效率有關，那麼演化歷史中，分化出器官的階段就值得注意了。除了細胞的胞器以外，多細胞生物各個器官的細胞、族群內的生物個體，都帶有自己的遺傳物質，是能夠自我複製的單位，因此也互相存在競爭關係。

即使是是細胞內的胞器，像細胞核、粒線體、葉綠體也都有自己的基因體，彼此之間也有一定的利害衝突。競爭後的結果，粒線體的一部分基因轉移到了細胞核內。

所以要注意的是，如果每個單位（細胞或個體）都有自己的DNA，彼此有競爭關係，那麼在什麼情況下會互相合作呢？

用一個具體一點的例子來說明吧。假設有人召集了一群人，並對他們說「接下來要請各位融合成一個男人，各位分別想成為身體的哪個部分呢？」實際上我曾問過別人這個問題，常見的回答是「腦」、「眼睛」、「手」等。

你的答案又是什麼呢？

我並不想成為那些器官。我想成為的身體部位就只有一個，那就是「睪丸」。抱歉這聽起來好像不太得體，但我一定會選「睪丸」，為什麼呢？

試想人類繁衍下一代時，細胞發生了什麼事。卵子與精子會融合成受精卵，接著再發育成新的個體，所以只有生殖細胞能把自己的基因傳給下一代。這些細胞分別是男性睪丸的精母細胞，以及女性卵巢的卵母細胞。

不論腦細胞能夠想出多驚人的點子，不論眼睛能夠看到多美妙的景色，不論手能創作出多棒的作品，這些器官的細胞都沒辦法留下後代，可能性完全是零。

睪丸、腦和眼睛，由「相同細胞」分化而來

假如由一群人來組成一個人類的身體，那麼成為腦、眼睛、手的人，就會在DNA的複製競爭中完全敗北，只有做為睪丸或卵巢的人才能夠留下子孫。但如果每個人都想當睪丸的話（因為不當睪丸就無法留下子孫），就無法分工組成人體。看到這裡，想必你也發現了一件事，有些細胞會和其他細胞合作，卻也因此而無法留下自己的後代（細胞）。既然每個細胞都有自己的DNA，原則上應該不會去做讓自己的DNA無法遺傳下去的事才對，那為什麼它們又會分化成各種不同功能的細胞呢？這是個重大問題。

前面例子中的人，就相當於器官分化☆時的細胞。細胞在分化成器官時會出現這樣的競爭，然而，在多細胞生物與生物族群內部，也仍然會出現這種如器官分化般的現象。那麼，為何能這麼做呢？關鍵在於「留下與自己基因相同的子孫」這個觀點。

基因指的是DNA（有時是RNA）上特定的鹼基序列。複製DNA，再傳遞給後代，就可讓後代具有相同基因。由精子與卵子融合成受精卵，就是一種傳遞基因的方式，許多生物都是這麼做的。

但是，多細胞生物體內的非生殖細胞，還有社會性昆蟲中不會產卵的工蟻／工蜂，要如何把自己的基因傳遞給後代呢？

以下舉人類為例來說明。我們的身體如何形成呢？沒錯，卵子與精子會在母親體內融合成受精卵，接著分裂成許多細胞，然後再分化成各種不同細胞，形成器官。也就是說，多細胞生物的身體最初都源自於同一個細胞。

這表示，多細胞生物體內的每一個細胞，基本上具有相同的遺傳資訊。不管是卵巢／睪丸、腦、眼睛、手，遺傳資訊都一樣。雖然只有卵巢與睪丸的細胞

☆編註：器官分化是指細胞發育時，分別轉變為不同功能的器官。細胞攜帶了一整套的遺傳資訊，每個細胞的DNA都一樣，但是基因沒有全部表達出來。不同器官的細胞，關閉和打開的基因不一樣，所以器官才會長得不一樣，以及有不同功能。

（生殖細胞）能傳遞遺傳資訊，但因為所有細胞的遺傳資訊都相同，所以生殖細胞也能把其他器官的遺傳資訊傳給下一代。

親代與子代的血緣度為〇・五

不管是由哪個細胞把遺傳資訊傳給下一代，結果都一樣。多細胞生物藉由讓每個身體細胞具有相同基因，消除競爭關係，促使細胞分工。相反的，如果每個細胞的基因不同的話，就不會演化出分工機制。

一群細胞或一群個體假如都有自己獨特的遺傳基因，那麼每個單位之間就一定會出現競爭，而且只有特定單位可以留下後代，在這樣的情況下，應該不會演化出分工的機制才對。

多細胞生物突破了演化上合作模式的困難，成功演化出細胞分工的機制，在演化上開闢出一條新道路。那麼，成員個體各自獨立的社會性昆蟲又是如何演化出分工合作的機制呢？

在動物界中，與繁殖有關的分工與社會性（精確來說稱為真社會性）機制曾經歷過十多次的演化，過程中出現了許多種生物，其中有一類是以染色體倍數來決定性別的生物。一般生物有兩套染色體，一套來自母方，一套來自父方。不過以染色體倍數來決定性別的生物中，擁有兩套染色體的二倍體個體是雌性，同樣是一套來自母方，一套來自父方；但擁有一套染色體的是雄性，由未受精卵發育而成。

包括人類在內，雄性與雌性是以二倍體組成的生物，繁衍時會把自己其中一套染色體傳給子代。兩個個體之間基因共同的程度稱做「血緣度」，所以親代與子代的血緣度為〇．五。

那麼我們和兄弟姊妹之間的血緣度又是多少呢？自己本身和兄弟姊妹都是二倍體，而自己或兄弟姊妹的兩套基因中，有一套（〇．五）源自母親的一半基因（〇．五），另一套（〇．五）則源自父親的一半基因（〇．五）。

因此，兄弟姊妹之間基因共同的程度為〇．五×〇．五＋〇．五×〇．五＝〇．五。也就是說，二倍體生物的親子血緣度與兄弟姊妹血緣度都是〇．五。

照顧妹妹是有好處的

但如果是以染色體倍數決定性別的生物，就不一樣了。這類生物的親子間血緣度同樣是〇．五，不過姊妹、姊弟間的血緣度就不是如此。假設父親只有一個，由於父親是雄性，只有一套染色體，所以遺傳給所有女兒（雌性子代）的都是一模一樣的基因。

雌性子代的兩套染色體中，來自父親的那一套染色體一定都相同（〇．五），而另一套是源自於母親的兩套染色體其中之一。所以從某一個雌性子代的角度來看，「她與妹妹的基因中，遺傳自母親的部分相同」的機率會是〇．五×〇．五＝〇．二五。也就是說，姊姊與妹妹的血緣度為〇．五＋〇．二五＝〇．七五。

另一方面，弟弟則是由未受精卵孵化的，所以僅繼承到母親兩套染色體中的其中一套，完全沒有來自父親的染色體，所以姊姊與弟弟的血緣度是〇＋〇．五×〇．五＝〇．二五。

以染色體倍數決定性別的生物存在著這種血緣度不均衡的關係，所以對雌性子代來說，與其生下自己的孩子（血緣度〇・五），不如養育自己的妹妹（血緣度〇・七五），這樣自己的基因傳遞到後代的機率會比較高。

這表示，如果雌性以前是自己產下子代，自己照顧孩子，那麼當她把同樣的時間與力氣拿來照顧妹妹時，會更有利於留下她自己本身的基因。因此科學家認為，以染色體倍數決定性別的生物之所以演化出「停止生育，改為照顧母親所產下的子代」這種真社會性生物的行為，是因為哺育對象從自己的小孩改成自己的妹妹時，有助於留下更多自己的基因。這種概念稱為「親屬選擇」。

像蜂、螞蟻這類社會性昆蟲中，所有雌性成員都是蜂后／蟻后所生的，彼此血緣度很高，所以演化為分工合作，這被認為是讓工蜂／工蟻的遺傳利益達到最大程度，進行親屬選擇的結果。

那麼親屬選擇和前面提到的「生物組成族群後可以避免被捕食，有利於每個個體」的概念有什麼關係嗎？為了便於理解，我們來想想看二倍體生物的例子。

在二倍體生物中，自己與小孩，以及自己與兄弟姊妹間的血緣度都是〇・五，這表示照顧自己的妹妹並不會獲得比較多的遺傳利益。因此，如果要二倍體生物停止生育自己的小孩，而前去照顧其他個體的小孩，就必須組成一個比單打獨鬥時更適合生存的族群。

簡單來說，兩個個體共同行動時，對整個族群的貢獻「必須比單一個體的貢獻的兩倍還要大」，這樣自身的利益才會比單獨生活時還要大。對於二倍體生物來說，演化成集體生活的必要條件是「提升族群的效益」。

沒有血緣的個體合作也有利？

如果像隧蜂一樣，當有兩隻蜂一起育幼時，子代的生存率會比一隻蜂育幼時還要高出幾倍，那麼彼此合作顯然有利於生存。這時彼此有沒有血緣關係就無關緊要了，因為合作後都能提升生存的機率。當然，如果和沒有血緣關係的個體合作，自己也要生下小孩才行，否則下一個世代就會完全沒有自己的基因。

如果是和有血緣關係的親屬合作，除了可以享受到團體行動帶來的好處之外，又可以照顧到和自己具有相同基因的後代，提升整個族群的繁殖效率。即使自己沒有產下子代，只要做為整個團隊機器中的一個齒輪，致力於提升族群的繁殖效率，也能夠讓自己的基因流傳下去。科學家認為，社會性昆蟲就是因為這個原因演化出了工蟻、兵蟻來分工。

另外，以染色體倍數決定性別的生物中，自己與小孩的血緣度比起自己與妹妹的血緣度是有落差的，從「照顧自己小孩」改成「照顧自己妹妹」時可獲得更高的遺傳利益（血緣度由〇．五增加到〇．七五）。這類生物形成族群時，雖然整體的繁殖率會下降，卻更能確保自己的基因可傳給後代。

演化生物學的主要目標

想一想之後應該可以懂，族群內的個體在改變行為之後，獲得遺傳上的利益，所以即使族群整體的繁殖率下降，對族群來說仍利大於弊。

對於以染色體倍數決定性別的生物來說，「提升族群的繁殖率」並非絕對必要的條件，這樣使得牠們更容易演化成能彼此合作的生物。實際上，大多數形成社會性生物的物種，都是以染色體倍數決定性別的生物。

我們在前面談到，個體內的細胞分工會面臨什麼問題，又會用什麼樣的機制解決，以實現分工合作。而這裡是用「下一代會繼承多少與自己相同的基因」的邏輯，來理解生物之間為什麼會彼此合作。

我在演化生物學領域的研究目標之一，就是去了解生物在演化軸線中所展現的現象，「最大化遺傳利益」這個原則不僅適用於生物的行為與生態，它就好比生物界的持續低音一樣，貫串生物展現的所有現象。

06 超個體的誕生——有效率的集團

什麼是超個體？

個體之間會彼此合作的社會性生物，會形成比個體還要大的功能性單位——族群。族群之間互相競爭後，輸掉的族群會衰退。所以族群的整體性質會在天擇之下變得愈來愈強，愈來愈適合環境。

舉例來說，對於擁有工蟻與兵蟻的蟻群來說，「蟻群內有多少比例的兵蟻」是族群的性質，而非個體的性質。如果蟻群擁有百分之二〇的兵蟻時生存率最高，那麼在天擇之下，最後留下來的就是這種比例的蟻群。當然，各個蟻群的兵蟻比例之所以會不一樣，是因為每個蟻群照顧幼蟲的情況各不相同，並且蟻群行為受到特定的基因所調控，所以這個問題也可以從「個體選擇」或「基因選擇」

的角度來研究。

但是，如果我們沒有在族群的層次上去理解螞蟻如何選擇族群的樣貌和特性，就無法知道什麼樣的機制有利於蟻群生存。研究生物學的目的是為了理解生命現象，若只知道基因序列，我們仍無法判斷為什麼生物會演化出這樣的行為。

如果只由基因的增減來說明演化現象，對生物的理解是不夠的。總的來說，在個體層次之上的族群所呈現的樣貌和特性，也是受到天擇的作用以提升族群的繁殖效率。族群是一個超越了個體的功能性單位，也就是所謂的「超個體」。

長腳蜂築巢

讓我們來看看幾個超個體的效率最佳化的例子吧。長腳蜂在築巢時，分成了負責採集植物纖維（木漿）來做為蜂巢材料的工蜂（搬運者）；以及待在巢中接收蜂巢材料，負責建設蜂巢的工蜂（建築者）。

不同情況下，長腳蜂所找到的木漿量也不同。所以搬到蜂巢的量隨時都不一樣。而建築者會在蜂巢入口等待搬運者，收下牠們搬來的木漿再運送到施工現場。如果希望築巢工作有效率，就必須讓一定時間內所搬來的木漿量（流入量）與建設蜂巢時使用的木漿量（流出量）達成平衡。

人類社會的製造工業中，管理者必須掌握流入量與流出量，下達指令以控制工作進度（例如豐田汽車廠就以他們的及時制度（Just in time）聞名，能將產品庫存量控制在最低）。不過，長腳蜂的腦並不像人類那麼發達，不可能由腦來控制作業進度。但即使如此，長腳蜂仍能實現最適當的作業流程。

該怎麼做才好呢？作業順利的時候，帶著木漿的搬運者回到蜂巢時，可以「馬上」把木漿交給建築者去築巢。這時候，不管是搬運者或建築者都不用花時間等待。

不過，如果有過多的長腳蜂負責同一項工作，就會拉長等待時間。要是一直沒有取得木漿，搬運者送回木漿的頻率會降低，也就拉長建築者在入口等待的時間；要是建築者太少，搬運者就必須一直在巢前等待空閒下來的建築者過來接下手中的木漿。長時間的等待顯示了工作效率差的訊號。

事實上，當等待時間拉長時，長腳蜂會改變自己的行動。當建築者的等待時間變得很長時，牠會停止建築工作，改去收集木漿；相反的，要是搬運者的等待時間變得過長，牠會放下木漿，改去築巢。

也就是說，每個成員都採取「等待時間最小化」的行動準則，讓整體作業流程達到最高效率。

在這時候，其實並沒有哪一隻長腳蜂掌握了整個蜂巢的工作情況，每個成員僅由自己接受到的刺激而做出反應，也就是根據自己面臨的「等待時間」而改變行為，但最後能達到整體工作的最佳狀態。

螞蟻的決策機制

類似的機制還可以在其他生物身上看到。武士蟻會襲擊其他螞蟻的巢穴，搶奪牠們的蛹。首先，負責偵查的武士蟻會去偵查其他蟻巢的位置，並散發費洛蒙氣味引導螞蟻隊伍前進。如果偵查蟻沒找到其他蟻巢的話，隊伍的行進速度會變慢，接著排在後方的成員會開始往回走，最後所有成員都會回到巢內。

原來隊伍中所有成員的前進方向會頻繁的改變，並非所有螞蟻都總是往同一方向前進。明明沒有一隻螞蟻能掌握整個族群的動向，為什麼整個族群能夠展現合理的行動呢？

學者們認為武士蟻會依照以下規則做決策。

① 跟著費洛蒙前進。

② 經過一定數量的同伴身邊後，就會開始往反方向移動。

③ 在一定時間內都沒有同伴經過自己時，就會改變方向。

依照這三個單純的規則進行模擬，當位於隊伍最前方，釋放費洛蒙引導同伴前進的偵查蟻停下來時，經過一定時間，所有武士蟻就會返回來時的方向。每隻螞蟻只是針對局部刺激做出簡單的決策，就能使整個族群成功採取合理的行動。

這是智慧不發達的生物所演化出來的決策機制，這種沒有中樞成員來掌管組織，卻能依照每個成員的單純行動而展現出複雜行為模式的現象，稱做「自我組織化」。

這種機制可以讓非智慧生物的昆蟲族群形成超個體，以族群為單位做出合理的行動。

07

沒有智慧的細胞為何能形成組織

動物卵的發育

個別的螞蟻並沒有很高的判斷能力，僅能依照當下面臨的狀況做出行為反應，但整個蟻群卻可做出合理的決策。雖說如此，許多生物都有腦這種器官，能夠進行某種程度的學習和感知。

另一方面，多細胞生物在進行器官分化時，每個細胞會自行移動到適當的位置，分化成複雜的組織結構而形成特定器官。這些細胞本身並沒有腦，也沒有神經，整體而言卻做出合理的行動。為什麼細胞能做到這些事呢？

以動物卵的發育為例，一開始的受精卵會分裂成兩個細胞，再分裂成四個細胞……這個過程稱做「卵裂」（cleavage）。海膽等動物的卵分裂時，會平均分裂成多個大小相等的細胞，如二等分、四等分，稱做「均等卵裂」；如果是蛙卵的話，通常上半球會分裂得比下半球快，所以上半球的細胞會比下半球的還要小，稱做「不等卵裂」；昆蟲的卵只有表面會分裂，內部沒有裂開，稱做「表面卵裂」；鳥類與爬行類的卵只會在某一區域分裂，稱做「盤狀卵裂」。請參考下頁的圖8。

卵黃的功用

在我還是學生時，也覺得把這些卵裂的分類一個個背下來是件麻煩的事。但這麼分類是有理由的。卵在成長時需要養分，而這些養分就儲存在卵黃當中。

海膽卵的少量卵黃是均勻散布在整個卵內；而蛙卵的卵黃大多位於下方；鳥類與爬行類的卵黃則幾乎佔滿了整個卵，受精的細胞只佔了卵邊緣的一小部分；昆蟲卵則在中心部位有個大卵黃。

這顯示了，卵黃的部分不容易破裂，而沒有卵黃的部分則會迅速進行細胞分裂，所以形成了各種不同的卵裂方式。

圖8

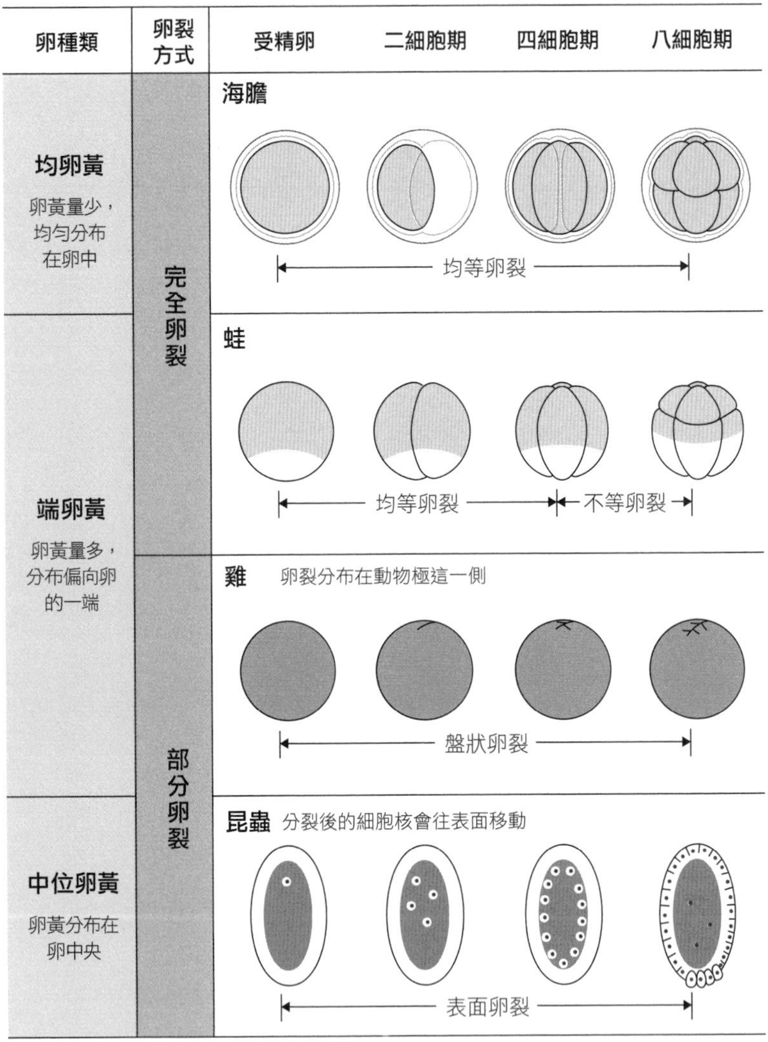

※表面卵裂的示意圖並非依照各個細胞期列出。

隨著動物的演化，卵黃也愈來愈大，並逐漸偏向一邊，但到了哺乳類時，又再度恢復均等卵裂，這當然也是有原因的。鳥類等生物，胚胎的發育都在卵內進行，當胚胎的體型愈大，成長時就需要愈大的卵黃提供養分。

不過哺乳類的胚胎在發育時，母體會藉由臍帶把養分直接傳給孩子。在這樣的機制下，卵內就不需要儲存大量卵黃，所以變成幾乎不含卵黃的卵細胞，以均等的方式分裂。卵裂方式由卵內的卵黃分布位置決定，這和生物的演化相關，只要理解到這點，便能輕鬆記住這些生物的卵裂方式，這是題外話。

海葵、杯子、甜甜圈

隨著卵裂進行，卵會分裂成無數個小細胞，然後進入下個階段。卵的某個部分會開始出現凹陷，這個凹陷處稱做原口。在之後的發育過程中，原口會逐漸貫穿整個卵，發育成消化系統，並把身體分成內側與外側。

海葵等生物的口沒有貫穿身體到肛門，而是形成杯子狀的凹陷。演化更複雜一點的動物，口到肛門是貫通的，整個身體形成甜甜圈般的中空形狀。在這過程中，最初凹陷處發育成口的動物稱做前口動物；最初凹陷處發育成肛門的動物則稱做後口動物。

有些動物的卵會像蛙卵一樣，在發育時經歷複雜的變形。若要在胚胎發育時出現這種動態變化，就需要讓細胞移動到不同的位置。但是並沒有一個控制中樞來一一告訴每個細胞要如何移動，換句話說，這些細胞也是靠著自我組織化來改變位置的。

隨著卵裂的進展，不同位置的細胞會表達不同的基因，釋放出不同化學物質，這使得局部的化學物質濃度出現連續性變化，也就是所謂的濃度梯度。各個細胞就會依照濃度梯度，用變形蟲運動方式移動。當細胞組成某種結構之後，會再發出新的訊號，使某些基因發生作用，而釋放化學物質，然後又形成新的濃度梯度，使細胞移動，發育出新結構。

就這樣，每個位置的細胞一個接一個表達不同的基因，形成不同的結構。於是看似相當複雜的器官分化，就可以依照順序自我組織化、自行完成所有步驟。每個細胞只是依照局部狀況做出反應，卻能使整體細胞排列組成應有的樣子。

複雜的形狀也是自我組織化

生物發展出形態的過程（形態發生）也是自我組織化，一開始是許多相同細胞組成的細胞團，不同部位的細胞卻能自行分化成不同的結構。關鍵就在於最初釋放化學物質的細胞導致了化學濃度梯度。

化學濃度梯度使細胞產生局部性的條件反應，卻引導了細胞團產生複雜的細胞分化。在一項蠑螈卵的實驗中，研究人員把發育初期的細胞團的各部位細胞移植到其他地方，發現某些特定部位的細胞不管被移植到哪裡，都會影響到整個胚胎的發育；但也有某些部位的細胞的發育結果，只受到移植之後的位置影響，被移植到哪裡，就會分化成那裡的細胞。

另外研究人員也發現，在發育的後期，每個細胞的命運皆已決定，就算移植到其他位置，也不會發育成別的部位。這樣的觀察證實了細胞在形態發生時，會產生一連串的化學誘導反應，使不同部位的細胞表現出不同基因，連續性的進行發育。

細胞本身顯然沒有智慧，卻能透過這樣的連續反應機制，達成自我組織化，發育為複雜的形態。反過來說，生物的形態正是透過自我組織化實現的，並不是運用智慧設計創造而來，在演化過程中，藉著基因表達的調控，使細胞做出簡單的反應，最後便能得到複雜的生物。這是現代科學對生命誕生的解釋。

雞蛋的蛋黃
真的比較
大耶！

Part3

有趣到睡不著的
生物學

AABBAAB
AaBBAaB
AABbAAb
AaBbAab
AaBBAaB
aaBBaaB
AaBbAab
aaBbaab

01

頭腦簡單的螞蟻能做出最好的選擇？

為什麼昆蟲可做出合理判斷？

對於群體生活的生物來說，除了以個體的身分進行決策之外，族群本身也需做出決策，表現適當的行為，稱做集體決策。

集體決策的結果關係到整個族群的命運，要是沒有做出適當判斷，便會為族群帶來相當大的損失。如果是腦部發達的脊椎動物，單一個體就有判斷整體狀況的能力，能夠做出適當的應對，但如果是單一個體能力較低的昆蟲，就必須用其他方式來處理。

在昆蟲的社會中要怎麼做出合理的決策呢？就讓我們從蜜蜂與螞蟻如何選

擇新巢的位置，來解答這個問題吧。

蜜蜂在尋找新家地點的過程中，蜂群會飛離原本巢穴，暫時停留在樹木枝條分叉處之類的地方聚集成團，負責偵查的蜜蜂就在附近四處尋覓適當地點。偵查蜂回到集團裡面後，會用舞蹈告訴同伴們自己找到的「候選新巢位置」在哪裡，這就是著名的蜜蜂8字舞，蜜蜂會在一個小範圍內舞動，軌跡就像畫出阿拉伯數字8的形狀。

8字舞的方向代表著目標的方向，而跳舞的激烈程度，則代表目標的距離。當周圍的蜜蜂看到這樣的舞蹈後，就會前往「候選新巢位置」勘查，如果這些蜜蜂也喜歡這個地點的話，就會回來跳相同的舞蹈。

就這樣，集團內會有愈來愈多蜜蜂表態選出牠們喜歡的新巢位置。蜂群一時間可能無法決定要選擇哪個地點築巢，等到一至兩天後，當選擇某個特定位置的蜜蜂達到一定數量，所有蜜蜂就會開始週期性的拍打翅膀，一起飛向那個位置，代表牠們認為那裡最適合建築新巢。

族群超越了個體

螞蟻的情況也一樣。當偵查蟻找到適合築新巢的地點後，會回到舊巢動員其他螞蟻前往。經過一段時間，支持特定地點的螞蟻達到一定數量後，整個族群就會移動過去。這同樣也是從多個候選地點中選出一個最適合的。

負責偵查的成員和被動員前往勘查的成員不可能真的前往每一個候選地點，一一比較不同地點差異，再選出最適合的地點。大部分成員各自都只去過一個候選地點，如果覺得這個地點適合築新巢，便會動員同伴們前往勘查。

單一成員僅能判斷單一地點適不適合築新巢，整個族群卻有辦法比較所有候選地點的好壞，再選出最適合築巢的地點，也就是說，族群的決策能力超越了個體的決策能力。那麼，族群又是用什麼樣的機制來比較不同地點的好壞呢？

蜜蜂與螞蟻使用多數決來決定整個族群的行動。雖然我們不曉得是否支持者要過半數才會決定新巢位置，但我們可以確定，只要支持某個地點的成員達到一定數目以上，整個族群就會遷移過去，這就是多數決的決策方式。

這表示，只要盡可能有愈多成員的決策和某個成員相同，就能讓這個成員的決策成為整個族群的決策。也就是說，必須有一套機制，讓高品質的選項能夠動員較多的成員，低品質的選項只能動員少數成員。

以密蜂來說，找到高品質築巢地點時，跳舞的頻率比較高，來回轉圈的次數比較多；以螞蟻來說，找到高品質築巢地點時，勘查新巢位置的時間會比較短。

這樣可以形成一套機制，動員更多的成員前往高品質的地點。簡單來說，品質高低與動員數量有正回饋☆的關係。不過，目前我們還不確定這種機制是否在任何情況下都產生正回饋關係。

在螞蟻的例子中，如果每個候選築巢地點與舊巢的距離都相同，便能用「確認新巢所花費的時間」來表示新巢品質的高低。但自然界中，不可能所有候選築巢地點與舊巢的距離都相同，因此無法用時間做為基準，所以目前我們還不曉得

☆編註：正回饋是指產物會促進反應，而引發更多反應的情況。簡單舉例，當A產生了B，B這個產物會回過頭來影響A，使更多的A產生，如此一來，B又會變得更多。

為什麼這樣的機制能夠順利運作，卻也因為如此，才有繼續研究的意義……。

為什麼昆蟲會用多數決？

另一個有趣的問題是「為什麼要用多數決來做決策呢？」可能有兩個理由。

首先，多數決能降低決策的錯誤率、提升正確率。如果由少數成員的判斷來決定整個族群的行動，當這些成員做出錯誤判斷時，就會影響到整個族群，風險相當大。

單一個體有一定機率會出錯。如果只由一個成員代表整體做決策，要是出錯，就會帶來無法挽回的損失；不過如果有許多成員都同意一項決策，這項決策錯誤的機率會比較低，如此便可降低風險。

特別是昆蟲這種個體能力不高的動物，用多數決來做集體決策時，應可以大幅降低錯誤率。

這也就是說，多數決可以提升正確率。前提條件就是，個體選到正確答案的機率比隨機選到正確答案的機率還要高。

表2

個體A	個體B	個體C	整體	發生機率
○	○	○	○	0.7×0.7×0.7＝0.343
○	○	×	○	0.7×0.7×0.3＝0.147
○	×	○	○	0.7×0.3×0.7＝0.147
○	×	×	×	0.7×0.3×0.3＝0.063
×	○	○	○	0.3×0.7×0.7＝0.147
×	○	×	×	0.3×0.7×0.3＝0.063
×	×	○	×	0.3×0.3×0.7＝0.063
×	×	×	×	0.3×0.3×0.3＝0.027
				合計　1.0

舉例來說，假設有兩個選項，那麼隨機選擇時，選到正確答案的機率是○．五。假設個體選到正解的機率是○．七（比隨機還要高），那麼由一隻個體做集體決策時，族群做出正確決策的機率就是○．七。

如果我們引入多數決的機制，也就是「三隻個體中有兩隻以上的個體選擇同一選項時，就以此選項做為集體決策」。表2列出了當三隻個體選擇不同選項時，整體族群的決策分別會是如何，以及每種情況的機率。如果有兩隻以上的個體選到正確選項時，族群就能做出正確決策，機率是0.343＋0.147＋0.147＋0.147＝0.784。這比單一個體做出正確決策的機率〇．七還要高，正所謂三個臭皮匠勝過一個諸葛亮。

多數決的優點與缺點

隨著進行多數決所需要的個體數愈多，正解率就愈高。只要單一個體做決策的正確率比隨機選擇的正確率高時，那麼多數決的決策正確率，就會比單一個體的還要高。

現生的螞蟻與蜜蜂是經過天擇演化而來的，因此，牠們單一個體做出正確決策的機率，應該比隨機選擇時高。不過要注意的是，假如單一個體做決策的正確率比隨機選擇時低，那麼進行多數決時，反而更容易選到錯誤選項。因此多數決並非萬能。

人類的民主主義也是多數決，那麼每個人做出正確決策的機率，真的有比隨機選擇時高嗎？

多數決還有一個缺點，那就是決策時很花時間，這是無可避免的問題。這也和「該由多少人代表所有族群」的問題有關。

增加代表人數時，優點是獲得正確答案的機率比較高，但缺點是需要花費更多時間才能做出決策，決定代表人數時需考慮到兩者的平衡。也就是說，如果需要快速做出決策的話，只好犧牲正確性，只由少數成員做出決策。

在昆蟲世界中，當族群逐漸做出錯誤決策時，是否會減少用來代表全體族群的個體數量呢？

02

腦的運作和螞蟻很像

生物學的最大課題

集體生活的昆蟲，會整合每個個體的單純決策，形成集體的決策，得到超出單一個體能力的準確判斷。不過，對於腦部發達的哺乳類而言，一個族群中會以少數領導者做為決策中心，這些領導者能夠掌握整體情況，做出適當決策。

這種方法必須基於「領導者判斷的正確率，比多數決之下集體判斷的正確率還要高」，或者是「緊急時能夠迅速做出正確決策」的情況。總而言之，領導者的能力必須比一般個體還要強才行。

考慮各式各樣的狀況而做出適當決策，為什麼哺乳類可以做到這一點呢？顯然，這是因為哺乳類擁有比其他動物還要發達的聰明大腦。其中人類的大腦又特別發達，所以可以做到其他動物所做不到的複雜、抽象的智能活動。不誇張的說，就是因為有大腦的存在，人類才能成為人類。大腦萬歲！

但我們並不曉得為什麼我們的大腦那麼厲害。闡明這個問題可說是目前生物學的最大挑戰之一。許多人持續用了各式各樣的方法想了解大腦，但腦的運作原理至今仍有許多謎團。

我們來介紹大腦的組成構造。腦由神經細胞組成，神經細胞具有細長突起的結構，包含了樹突與長長的軸突。當神經細胞接受刺激後，電訊號（興奮）便會沿著軸突傳遞，電訊號抵達軸突末端時，會釋放出神經傳導物，再刺激下一個神經細胞的樹突，引起興奮訊號。

這樣的機制使神經細胞往同一個方向傳導訊號。

蟻群或蜂群和腦很像

大腦中有無數個神經細胞組成一個網路。在科幻作品中，常可看到神經網路本身擁有智慧，但現實卻非如此。重點並不是網路結構本身，而是如何使用這種網路結構。然而，就算我們想用大腦來做實驗，要個別刺激腦細胞，並不是件容易的事，這是智能研究時的困難之處。

每個神經細胞只會做出On/Off這種單純的輸出，不過由許多神經細胞集合所形成的腦，卻能夠在複雜的情況下做出適當的判斷。這和蟻群或蜂群很像不是嗎？兩者的終端都是只能做出簡單判斷的單位，不過整體卻能做出複雜且適當的決策，能力遠勝於個別單位。可見蟻群及蜂群與大腦有某種程度的相似性。

既然如此，只要知道為什麼蜂群和蟻群的決策機制很有效，或許就能夠明白大腦如何做出決策了。至少，我們把許多部電腦用同樣的架構機制連接起來，便能製作出決策能力遠勝於單一電腦的網路了。這就是我們說的人工智慧，螞蟻與蜜蜂社會性的研究，居然和人工智慧有關，很神奇吧。

整合你們的意見後，
就可以做出
合理的決策囉。
螞蟻

03 人和蜜蜂都會感到憂鬱

人類是感性的動物

大腦的運作方式至今還未釐清。雖然人腦又大又複雜，但並不是一開始就這樣。在一些結構單純的生物身上已經有腦的構造，隨著演化，腦的功能和結構逐漸變得複雜，到了人類則是巔峰。生物的腦都是由神經細胞集合而成，基本的運作機制是一樣的。

擁有複雜的情感是人類的特徵之一。人們會把各式各樣的情感用「文學」方式展現，成為一個藝術領域。另外，人類也是感性的動物，不管是有多合理的觀點，如果心理上覺得不喜歡，就無法老實接受這個觀點。

如果一個人只是強制他人接受自身想法，無視其他人的情感，便會與他人產生衝突，可以這麼說，人類社會中的衝突幾乎都是這樣造成的。如果有種真理對每個人來說都正確的話，這個世界早就變成那個真理所描述的樣子了（不過也有人深信真有這種真理存在）。然而現在世界上仍充滿了爭執……。我們把話題拉回來。

意識與身體，哪個先形成？

應該沒有人會懷疑「人類擁有多種情感」這點，不過卻不大明白為何人有這些情感。恐懼的心情或許是為了讓自己遠離或避開危險的事物，有著演化上的意義。不過喜悅、悲傷、滿足感等心情存在的理由就沒那麼容易說明清楚了。觀察狗、猴子等動物時會發現，不只人類，動物也具有各種情感。為什麼呢？

另外，人類有所謂的「意識」，科學家卻不曉得人類為什麼會演化出意識。一項研究結果指出，在發生某種狀況時，在腦海中出現「這對我來說是△△」的意識之前，身體就會對其產生反應。

如果這是真的，那就代表我們並不是用意識來控制身體，而是先有身體上的反應，意識才隨之而生。為什麼呢？

關於意識與情感，也就是心理的運作，目前人類還有許多不明白的地方。其中最奇妙的就是「憂鬱」的存在。人類在憂鬱時，情感表現上會變得比較遲鈍，不會感到喜悅、快樂，也會失去動力，對於任何事都感到悲觀，相當痛苦。

生理學上認為，人在憂鬱狀態時，腦會減少神經傳導物的分泌，使用某些化學物質改善這點，就可以緩和憂鬱狀況（使用抗憂鬱藥物）。一般認為，當人們持續承受著強大壓力時，會導致憂鬱症發作，但目前我們還不曉得憂鬱症在演化上有什麼意義。

憂鬱的小龍蝦

不過，如果和人類構造差別很大的動物也有憂鬱情況的話，就表示這可能是有腦動物的共通現象。在長時間的演化過程中，如果生物身上一直都保有憂鬱的感受，就表示憂鬱可能有某種「演化上的意義」。如果憂鬱只會帶來不利的話，在漫長的生命歷史中應該早就被淘汰了才對。

動物也會感到憂鬱嗎？

相關研究中已有許多耐人尋味的結果。首先是小龍蝦，雄性小龍蝦會為了雌小龍蝦而和其他雄性打架，打輸的雄小龍蝦在一段時間內不會再打鬥。此時若分析牠們的腦，會發現腦中分泌的神經傳導物特別少。沒有爭鬥心的小龍蝦，牠腦部的生理狀態和陷入憂鬱的人很類似。有人認為牠們在輸掉打鬥之後會感受到壓力，陷入某種憂鬱情況。

研究也指出，如果投放抗憂鬱藥給陷入憂鬱狀態的小龍蝦，能使牠們恢復爭鬥心。由此可見，腦內神經傳導物的分泌量，深深影響個體是否積極行動。

另外還有昆蟲的研究，雄性的擬穀盜蟲會用身上的角互相打鬥，輸掉打鬥的雄蟲也有類似小龍蝦的反應，一段時間內不會再與其他雄蟲打鬥。研究顯示，這段時間會持續約三天左右，三天過後雄蟲彷彿忘記自己曾經輸過的事，會再次展開戰鬥。

而且，如果從各個雄蟲中選出回復的時間較短或較長的個體，培育牠們的後代，繁殖多次後便可得到「輸掉打鬥後兩天就會忘記」的個體，或者是「輸掉打鬥後四天才會忘記」的個體。可見「經過多久才會忘記輸掉的感覺」是會遺傳的，並可以人擇改變，而「三天」這個時間長度為自然演化的結果。

這個例子中，雖然研究人員沒有測量腦內神經傳導物含量，但既然牠們表現出和小龍蝦類似的行為，就表示因壓力而感到憂鬱，並表現出消極的行為，可能是某種適應性演化。

悲觀的蜜蜂

蜜蜂更有趣，當牠持續感受到壓力時，會預測到悲觀的未來，並因此做出相應的行動。在這種情況下，蜜蜂腦內神經傳導物的分泌量會下降，所以蜜蜂可能有著與人類相似的生理機制，使牠變得悲觀。

近來的一項魚類研究指出，如果在河川內加入抗憂鬱藥，魚的行為會變得比較大膽，較常出沒在開闊水域，這容易被捕食者捕食。這種情況下的魚類個體，腦中的神經傳導物分泌量超出正常狀態，行為變得比較躁進。由於在躁進情況下，魚的生存率下降了，反過來說，憂鬱或許有提高生存率的效果。

人類的心理活動模式，可能也是從最初演化出腦的古老祖先身上繼承下來的，然後再逐漸演化成現在的樣子。既然如此，我們幾乎可以確定憂鬱這種情感具有一定的意義。

04

遺傳——機率與偶然的生物學

決定遺傳現象的東西

在高中生物課程中，講到遺傳這一章節時，擅長與不擅長的人會出現很大的差別。我覺得遺傳相當單純，只要知道幾個原則，就可確實得到正確答案，所以很喜歡遺傳這一章。但不知為何，似乎有不少人不怎麼擅長這部分內容，可能是因為遺傳現象由偶然與機率決定，所以不擅長計算機率的人，就不大能明白遺傳的原理。

而且，相同原理所衍生出的相關現象經常有著完全不同的名稱，這或許也造成理解上的困難。

那麼，讓我們盡可能用比較簡單的方式來說明遺傳原理吧。

高中生物在談到遺傳時，講的是「二倍體生物」的遺傳現象。二倍體生物從頭到腳的所有細胞幾乎都擁有兩套染色體。一套來自母親，另一套來自父親。

包括人類在內的二倍體生物在繁殖時，母親會製造卵子，父親會製造精子，兩者結合（受精）後可發育成子代。母親與父親的體細胞都含有兩套染色體，不過他們製造的卵子或精子都只有一套染色體。

也就是說，卵子與精子（配子）是只有一套染色體的單倍體，而卵子與精子結合後，產生的子代跟親代一樣都是二倍體。這就是二倍體生物的繁殖機制。

孟德爾的分離律

基因可以調控生物的各種性狀。能決定某種性狀（如毛髮顏色）的基因，位於基因體上的特定位置（基因座）。由於二倍體生物的體內有兩套染色體，所以一個性狀的基因有兩個。

我們會用符號來表示某種性狀的基因。比方說，用B來表示可製造黑色素，使毛髮呈現黑色的基因；用G來表示無法製造黑色素，使毛髮呈現金色的基因。在兩套染色體上對應到相同基因座的基因，稱做等位基因。像髮色這個性狀由一對等位基因所決定，基因型的組合有BB、BG、GG三種可能。

舉個例子，基因型為BG的親代個體在製造配子時，配子擁有的基因會是B或G。配子被分配到的基因完全是隨機決定，所以配子基因的比例是B：G＝1：1。這就是「孟德爾的分離律」。

母親與父親的配子結合後會形成子代，如果雙親的基因型分別都是BG，那麼母親的配子與父親的配子中，B與G的比就會是1：1，所以子代基因型BB、BG、GB、GG的比就是1：1：1：1（參考第三三頁的表1）。這是基本的概念。

而因為BG和GB的基因型事實上是同樣意思，所以寫成BB：BG：GG的話，比就會是1：2：1。

如果雙親都是BB的話，子代基因型比例就是BB：BB：BB：BB＝1：1：1：1。如果母親是BG、父親是GG的話，子代基因型比例則是BG：BG：GG：GG＝1：1：1：1。

子代的頭髮是什麼顏色？

接著來看看不同基因型的子代，頭髮分別會是什麼顏色。只要擁有B基因的個體，就可以製造黑色素，頭髮會是黑色，所以基因型為BB和BG的子代都是黑髮；但兩個基因都是GG的子代，無法製造黑色素，頭髮呈金色。

子代所表現出的特徵稱做表型，與基因型的概念不同。如果雙親的基因型都是BG，那麼子代的基因型比例是BB（黑）：BG（黑）：GB（黑）：GG（金）＝1：1：1：1，總結髮色的表型比例便是黑：金＝3：1。這個比例令人熟悉吧。

等位基因之間有顯性／隱性的關係，如果個體擁有顯性基因，就一定會表現出這個基因調控的性狀，這稱做「顯性定律」。雖然並不是所有等位基因都符合這個定律，但像髮色是取決於「能否製造出某種酵素，以催化特定化學反應」，就適用顯性定律。擁有B基因的個體，可以製造出能合成黑色素的酵素，G基因則無法製造這種酵素，所以B為顯性，G為隱性。

如果髮色的等位基因有「定量」的關係，如BB的個體會分泌大量黑色素，BG只會分泌少量黑色素的話，那BB就是黑髮，BG則是棕髮。這時候，不是完全的顯性定律，髮色的表型比是黑：棕：金＝1：2：1。

也就是說，表型比會是3：1，或是1：2：1，取決於分離律下的配子比例，以及等位基因之間的關係。到這裡都還懂嗎？如果懂的話，就能解決幾乎所有遺傳問題了。

因為所有的遺傳現象，都涉及一種性狀受到多少個基因座調控（前面例子是只受一個基因座影響），以及等位基因之間有什麼樣的關係。

遺傳的大原則

由孟德爾發現的孟德爾三大遺傳定律中，除了分離律、顯性定律之外，還有一個「獨立分配定律」。這個定律提到，在形成配子時，位於不同基因座上的基因（也就是負責調控的性狀不同）各自獨立分離遺傳，互不影響。

但是，獨立分配定律並非任何時候都成立。由於二倍體的兩套染色體是由許多對染色體組成，形成配子時，每一對染色體會各分成兩條，分配到不同配子內。如果兩個基因座位在不同條染色體上，那麼這兩個基因座在形成配子時，就會遵循獨立分配定律；但如果兩個基因座位於同一條染色體上，而且兩個基因座距離非常靠近時，就有機會一起移動到同一個配子中，而無法分離（連鎖）。

這類例外相當多，有不少人就是因為這個部分而弄不懂遺傳學。大原則就是

① 親代個體的一對等位基因會分別進入兩個不同配子內，精卵結合後再組成子代的基因型，以及產生表型。

② 親代形成配子時，哪個基因進入配子是隨機發生的。

偶然與機率——只要了解這兩點，遺傳學就簡單多了。畢竟細胞不會思考，所以遺傳現象都是偶然形成，並服從機率的分配，而非細胞有意識的分配。在這個原則下，如果發現例外，理解這些例外的機制就很重要了。

遺傳現象中，配子內的基因會如何分配，基因又如何決定表型，這些都是單純機械性的行為。首先，遺傳現象會遵循分離律這個大原則，然後是顯性定律與獨立分配定律，某些時候有例外，需再考慮其他規則。由這一層層的規則，便可

推論出個體的表型比例。

依照怎麼樣的規則順序作用，結果又是如何——如果按照這樣的步驟思考遺傳過程，就會覺得遺傳其實很簡單，很好理解了。和前面提到的各種生命現象基本上是一樣的。

孟德爾
孟德爾確立了遺傳學的基礎。

05 各式各樣的分離比

由基因的組合決定表型

如果某種性狀由單一基因座決定，而這個基因座具有一對等位基因，那麼這種性狀便稱做「單對基因遺傳模型」，名字聽起來很複雜，其實概念很簡單。在前面的例子中，如果個體有B的基因（基因型為BB或BG），那麼他就會是黑髮；只有當個體基因型為GG時，才會是金髮。

單對基因遺傳模型中，表型的分離比是3：1或1：2：1，合計都是四種。形成配子時，一對等位基因會分別進入不同配子，兩個配子再結合成受精卵，受精卵的基因型就決定了表型。如果母方帶有兩種不同基因，父方帶有兩種不同基因，兩者相乘後可以得到四種基因型，這些基因型再決定表型。

有時候，遺傳到特定基因型的子代會死亡。這時，表型的比例就和前面提到的不同。以髮色為例，假設GG這個基因型會使個體死亡（稱做致死基因），而子代的基因型比例是BB：BG：GG＝1：2：1，則BB與BG的表型是黑髮，GG的個體會死亡，所以表型比例為黑：金＝3：0。

總而言之，只要弄懂基因型的比例，以及每種基因型會呈現出什麼樣的表型就可以了。真的很簡單。

考慮兩個基因座

除了單對基因遺傳模型之外，還有雙對基因遺傳模型。單對基因遺傳模型中，決定性狀的基因座只有一個；雙對基因遺傳模型中，決定性狀的基因座則有兩個，每個基因座上各有一對等位基因。

考慮兩個基因座時，獨立分配定律是否成立會是一個問題。這裡先假設獨立分配定律完全成立，形成配子時，一個基因座上的等位基因分配，完全不會影響到另一個基因座上的等位基因分配。但要記得實際上有例外存在。

表3

		卵子			
		AB	Ab	aB	ab
精子	AB	AABB	AABb	AaBB	AaBb
	Ab	AABb	AAbb	AaBb	Aabb
	aB	AaBB	AaBb	aaBB	aaBb
	ab	AaBb	Aabb	aaBb	aabb

假設某個體細胞在兩個基因座上的等位基因分別是A、a與B、b。那麼這個個體所製造的配子，分配到的基因有四種可能性，分別是AB、Ab、aB、ab，比則是1：1：1：1。若父方與母方製造出來的配子都遵循這個比例，那麼配子結合後的受精卵基因型便如表3所示，共有四×四＝十六種組合。

在雙對基因遺傳模型中，配子的基因組合變多了，看起來似乎複雜許多，但想法和單對基因遺傳模型相同，只是子代基因型的組合數從四個變成十六個而已。接下來只要考慮不同等位基因間的交互作用，思考什麼樣的等位基因組合，會表現出什麼樣的性狀就可以了。

遺傳是很單純的現象

這裡，我們把同時擁有A與B的表型寫成〔AB〕，有A卻沒有B的表型寫成〔Ab〕，依此類推。我們由表3可以知道〔AB〕：〔Ab〕：〔aB〕：〔ab〕＝9：3：3：1。合計為十六種。此時，表型的分離比取決於兩個基因座上的等位基因組合，以及這些基因的交互作用。

舉例來說，假設A可以讓個體產生紅色色素，B可以讓個體產生藍色色素，那麼〔AB〕：〔Ab〕：〔aB〕：〔ab〕＝紫：紅：藍：白＝9：3：3：1。或者，假設同時擁有A與B的花會是紅色，只有A或只有B時會是粉紅色，那麼比例就會是紅：粉紅：白＝9：6：1。

假設只要擁有A或B其中一個，花色就會是紅色，那麼表型的比例就是紅：白＝15：1。很簡單吧。

遺傳是很單純的現象。

①計算配子中各種等位基因的比例，組合後便可得到受精卵的各種基因型比例。

②判斷等位基因的組合會呈現出什麼樣的表型。

——只要明白以上兩點，就能夠解出問題。

前者是根據分離律、獨立分配定律，後者則依不同狀況而定。之所以會看不懂問題，可能是因為以日本學術情況而言，遺傳學中出現很多不同的名詞，當人們看到不同的名詞，會認為是完全不同的現象。

過去人們並不了解基因的遺傳機制，所以把看似不同的現象命名為完全不同的名字。不過看過前面的說明後，應該能明白這些現象都基於同樣的原理，只是不同等位基因的組合會形成不同表型而已。

生物學中有許多需要記憶的內容，常被認為是門枯燥的學問，現在的我們知道背後原理了，不就應該把這些內容串連起來學習並理解嗎？

表4

定律	內容
分離律	兩個等位基因分別進入不同的配子內，此時配子的分離比為1：1。
顯性定律	只要基因座上有一個顯性基因，就會表現出顯性性狀；而基因座上要有兩個隱性基因，才會表現出隱性性狀。
獨立分配定律	在不發生連鎖的情況下，形成配子時，一個基因座上的等位基因分配到配子的情況，與另一個基因座上的等位基因分配到配子的情況無關，是獨立事件。

（各個基因座的基因皆遵循分離律）

連鎖與基因體

最後來談談連鎖。一個生物所包含的完整一套遺傳資訊稱為基因體。基因體可以想成是很長很長的一條DNA。不過，要是DNA太長的話，管理起來很麻煩，所以實際上幾乎所有的生物都會把基因體切成好幾條，以染色體（染色質）的形式保存起來。一個染色體是一條密集壓縮的DNA，上面有許多基因座。

二倍體個體的細胞內有兩套染色體，在形成配子的時候，會有一套進入配子內。因此（這裡是重點！），同一個染色體上的各個基因座的基因，會一起移動到配子內。也就是說，屬於同一條染色體的基因座並不會遵守獨立分配定律，稱為連鎖。

如果基因A與B存在連鎖，那麼形成配子時，基因A、B就會一起進入同一個配子，這種情況下，雖然A和B分屬不同基因座，但從遺傳的角度來看，與同一個基因座的情況是一樣的。

更複雜的是，即使兩個基因座存在連鎖，如果這兩個基因座彼此的距離很遙遠，形成配子時就可能不會被硬綁在一起，而可能分離。當然這是有原因的。

形成配子時，需先複製DNA，同源染色體（形態結構相同的染色體）複製之後會彼此靠近、配對（稱為聯會），此時，這兩個染色體可能會互換彼此的DNA鏈。這麼一來，如果這兩個染色體上的基因組合原本分別是AB、ab的連鎖關係，那麼在互換DNA後，就會成為擁有Ab、aB基因組合的配子，這種現象也稱做「重組」。重組發生的頻率跟兩個基因座在染色體上的距離有關，彼此離得愈近，就愈難發生重組，離得愈遠，就愈容易發生重組。

我們可以從子代表型的分離比來推測配子的基因型，再由此推論出兩個基因座發生重組的機率。

舉例來說，假設某個親代的基因型為AaBb，在沒有連鎖的情況下，他的配子的基因比例應該是AB：Ab：aB：ab＝1：1：1：1才對。如果配子的基因比例實際上是AB：Ab：aB：ab＝9：1：1：9的話，就表示存在連鎖，親代的A和B基因位在同一條染色體上，a和b基因也一起在另一條染色體上，從數字可以看出重組的發生率是百分之十。由分離比的實際值與理論值的差別，我們可以排列出各個基因座在染色體上的位置順序，以及兩個基因座之間的距離。

舉例來說，若我們測出三個基因座X、Y、Z的重組率分別是：X—Z＝10％、Y—Z＝3％、X—Y＝7％，那麼我們就可以推論出，這三個基因座在染色體上的位置依序為X—Y—Z。

而且X—Y與Y—Z的距離比為七比三。

基於演化的生物現象

以上內容聽起來很繁瑣，不過都是基於同樣的道理，遺傳物質是ＤＮＡ，ＤＮＡ上的鹼基序列構成基因，二倍體生物擁有兩套染色體，形成配子時遵循分離律，也會有重組現象。這一系列的情況都彼此相關，能夠串在一起理解。生命世界中的各種現象都是在基本的原理與規則之上，一層一層的建立起來。

因此，理解各種現象的關係，才是理解生命世界整體面貌的捷徑。可惜的是，有些教師也不一定懂背後的道理。

因為許多生物老師只熟悉自己的專業領域，可能是分子生物學，可能是遺傳學，卻對生物現象的基礎「演化」不甚理解。我個人認為，在生物教科書的一開始就應該說明演化的機制，並提到生命現象都源自演化。

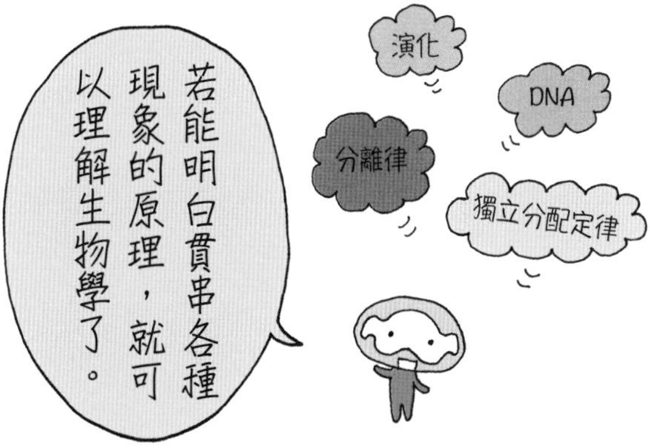
若能明白貫串各種現象的原理，就可以理解生物學了。
演化
DNA
分離律
獨立分配定律

06 「性」在生物學中的奧祕

性的大謎團

遺傳定律提到，二倍體的生物擁有兩套染色體，配子則含有其中一套染色體。兩個個體的配子結合後，會再形成二倍體的子代。

這種將自己的遺傳資訊與其他個體的遺傳資訊結合，而產生下一代的機制，稱做「性」。除了人類之外，還有許多有性別的生物，陸地上的生物幾乎都具有性別。但仔細想想會發現，性的出現可以說是生物學中最大的謎。

為簡化問題，讓我們來想想看無性別的生物是怎麼回事。細菌沒有性別，繁殖時只要將自己的遺傳資訊複製出另一份，再分裂成兩個身體，讓兩份遺傳資訊分別在兩個身體內就完成了，可以說是相當單純的方式。

我們來看看一個親代可以把多少比例的遺傳資訊傳遞給子代。如果是把自己的遺傳資訊全部複製一份，再整個傳給子代，因為兩代的遺傳資訊完全相同，那麼傳遞率就是一。

另一方面，有性別的生物又是如何呢？從二倍體生物來看。具有兩套染色體的生物，形成配子時，每個配子會被分配到一套染色體。這個配子之後會與來自其他個體的配子結合，形成二倍體的子代。

這種情況下，親代有多少比例的遺傳資訊會傳給子代呢？因為親代的兩套染色體中，只有一套傳給子代，所以傳遞率是〇．五。也就是說，親代的遺傳資訊中只有一半傳遞給子代。

有性生殖與無性生殖

請回想一下生物的演化。演化的過程中，一開始有許多不同類型的個體，如果每個個體的遺傳資訊傳遞給下個世代的比例有差別的話，那麼遺傳資訊傳遞率越高的類型，數量也會隨著世代演進而增多。最後整個族群都會變成這種類型的個體。

將性別套入這個機制內，可以知道無性生殖的遺傳資訊傳遞率是一，有性生殖則是〇·五，可見無性生殖在傳遞遺傳資訊時，效率為有性生殖的兩倍。既然如此，應該會演變成所有生物都是無性生殖的情況才對，但實際上，大多數生物都是有性生殖。這顯然有矛盾。

有性生殖的遺傳資訊傳遞率比較低，卻普遍存在生物界中，這表示有性生殖一定有某些優點可以彌補傳遞率低的缺點。這種值得耗費兩倍成本來繁殖的優點究竟是什麼？生物為何會演化出性別？這在生物學上是一個非常大的謎團。

當然，人們提出了幾種假說。其中之一就是環境一直在改變，所以含有各種不同特性的子代在生存適應上比較有利。有性生殖可以讓子代擁有豐富的遺傳多樣性，無性生殖則辦不到這點。

這個假說認為，如果族群內沒有足夠的多樣性，當環境變化時便很有可能會全體滅亡。族群內最好有各式各樣的個體，才能在環境發生變化時，有生存延續的機會。在酵母菌的實驗中，也得到了「環境變動時，對於有性生殖的族群比較有利」的結果。從一些研究結果知道，有性生殖在某些時候有利於物種的延續，但無法證明出這個優點值得生物花兩倍的成本來繁殖後代。

還有假說認為，當族群內的個體擁有多種基因型，有利於生物抵抗疾病。病毒等病原體會藉由接觸細胞表面的蛋白質侵入細胞，而不同基因型的個體，細胞表面的蛋白質也不一樣。當病原體演化出藉由某種特定蛋白質進入細胞時，擁有特定蛋白質基因的個體就比較容易生病；而基因型有變異、會製造出不同構型蛋白質的個體，就比較容易存活下來。

愛麗絲夢遊仙境的紅皇后

雖然疾病的影響會使得擁有突變基因的個體增加，但病原體也會跟著演化出新的種類，能夠藉由突變後的蛋白質進入細胞。所以說，即使個體的基因突變，這種抵抗疾病的優勢也不會維持太久。這種適應環境的機制與環境的隨機變化無關，而是愈新的基因愈有利於生存。

這個假說的觀點是「生物不能一直停留在當前的狀態」，就像《愛麗絲夢遊仙境》中，紅皇后說的那樣，每個人都必須不停奔跑，才可能留在原地，所以也稱做「紅皇后假說」。但我們仍不清楚這個優點是否值得生物花兩倍的成本來繁殖後代。

另外也有人認為，在有性生殖下，基因突變後產生的有害基因比較容易從族群中消失，但還需更多討論。

我們的研究團隊認為，某些時候，有性生殖的成本可能比無性生殖成本的兩倍還要低很多。

有性生殖的生物會分成製造卵的雌性與製造精子的雄性。但雄性並不會產卵，所以要是族群內有一半是雄性的話，族群的繁殖能力就會降為一半，這也就是為什麼我們說有性生殖有很高的成本。

如果族群中的雄性個體比例相當少，那麼有性生殖的成本就會遠小於無性生殖的兩倍才對。這時即使有性生殖只帶來一點好處，也可能比無性生殖更有利。

薊馬是一類可行有性生殖與孤雌生殖的昆蟲。在一個族群內，如果行孤雌生殖的個體數量越多，那麼行有性生殖個體的雄性比例就會降低。在兩種型態競爭激烈的地方，降低雄性比例有助於減少有性生殖的成本，會更有競爭力。

無論如何，生物的性是很廣泛的現象，但至今科學家仍無法完全說明為什麼有性存在。這是個很大的謎團，有人想研究看看嗎？

07 為什麼生物分成雄性與雌性呢？

大配子與小配子

有性生殖的二倍體生物中，個體會把一半的遺傳資訊分給配子，兩個配子結合後會再成為二倍體。我們可以想像，最初具有性別的生物可能是從細菌之類無性別之分的生物演化出來的，所以它們的兩種配子的大小，最初應該是一樣的。

不過，現存的有性生殖生物中，幾乎所有雌性個體的配子（卵）都明顯比雄性個體的配子（精子）還要大。如果生物表現出某種現象，背後一定有原因。這裡讓我們來想想看，為什麼生物會分成雄性與雌性吧。

一開始的有性生殖生物，雌雄配子的大小應該相等，兩者結合後會成為受精卵。這時來考慮子代的體型，較小的受精卵會發育成體型較小的子代，較大的受精卵會發育成體型較大的子代。

體型太小的子代容易死亡，一般認為受精卵大小與子代的生存率有正相關（一個變數增加時，另一個變數也會跟著增加；或者一個變數減少時，另一個變數也跟著減少）。但這並不表示受精卵愈大愈好。雖然子代長大到一定程度時，幾乎能確實存活下來，但這麼大的子代會浪費許多資源。

這顯示，生物一開始應該是往增大配子的方向演化，但增大到一定程度時，卵的演化就不再增大。這個時候叛徒出現了，由於個體需花費很多資源，才能生成那麼大的配子，如果減少對每個配子投入的資源，而增加配子數量，就可以留下大量子代。於是便出現了產生小配子的雄性個體，就像個叛徒一樣。

雄性與雌性的戰略

在雄性配子變小之後，雌性配子就沒辦法變小了。要是受精卵太小的話，子代就很容易死亡，所以雌性個體不會演化出較小的配子。就這樣，雄性與雌性確立了有性生殖機制。

蚊蠍蛉

這種生殖機制變得普遍後，又會出現更進一步的演化。雄性的戰略是「亂槍打鳥」，不大會選擇對象，只要能產生夠大的卵，不管是哪個雌性個體都可做為交配對象；就算碰到資源條件比較差的雌性也沒關係，反正精子可以一直補充，只要再找到下一個雌性個體交配就行了。

但雌性個體就沒辦法這麼做了。雌性需投入很多資源在製造卵上，要是受精卵無法順利發育的話，就會浪費掉許多成本。所以雌性個體在尋找交配對象時，會仔細判斷一個雄性個體適不適合，合格之後才會和這個雄性個體交配。這也是演化的結果。

努力表現的雄性

這種雄性與雌性的行為差異也導致了各式各樣的演化結果。舉例來說，某些生物中，雄性為了獲得與雌性的交配權，演化出武器的性狀，用來戰鬥，像是公鹿頭上有角，雄鍬形蟲有像角一樣的大顎；而有些生物的雄性會用某些方法向雌性誇耀自己的優秀之處，讓雌性認為自己是最佳的交配對象，如雄孔雀與雄孔雀魚演化出了華麗的外表。

另外，蚊蠍蛉這種昆蟲中，那些無法捕到獵物送給雌性而不受歡迎的雄性，竟然會偽裝成雌性，獲取其他會狩獵的雄性所獻上的獵物禮物，再當成自己準備的禮物送給雌性，以獲得交配權。這讓人心有戚戚焉。

由此可見，雌雄個體之間的各種互動，都源自於雌雄間的性別差異，而演化出各種不同的行為。不管是對於人類或其他生物，男女之間的事可以說同樣都是人生中很複雜的事。

08 世代交替的學問

人類是二倍體生物

生物課中講到植物時，會說明什麼是「世代交替」（有的還會提到「核相交替」）。例如「苔蘚植物在配子體上製造精細胞與卵細胞，兩者結合受精後會發育成孢子體，接著製造孢子」、「蕨類植物本體會製造孢子，孢子再發育成原葉體」等等。應該有許多人遇到這些內容時並不曉得原理，只能囫圇吞棗的把這些知識背下來吧，我以前也是這麼做的。

但仔細想過後，便可發現這些現象其實有一致的邏輯。根據這個邏輯，再一一分析每個例子中有什麼樣的變化，就可以理解了，讓我們試試看吧。

不管是動物還是植物，只要是有性生殖的二倍體生物，都會由有兩套染色體的個體，製造出僅有一套染色體的細胞，也就是配子，繁殖時兩個配子會再結合成二倍體。在保有性別的系統下繁衍後代時，這種機制有很高的效率。

以人類為例，我們人類的體細胞是二倍體，只有卵子與精子是單倍體。植物也一樣，我們一般看到的草木是二倍體，花粉內的精細胞與雌蕊內的卵細胞則是單倍體。也就是說，所有的二倍體有性生殖生物，體內都存在二倍體狀態的細胞以及單倍體狀態的細胞，繁衍過程中，這兩種細胞循環出現。很簡單吧。

對動物而言，主體是二倍體，只有在製造配子時染色體數目會減半成單倍體（進行減數分裂）。而精子與卵子本身並不會成長，而是受精成為二倍體後，從受精卵成長發育為下一個世代的個體。這是我們人類的繁殖機制，很容易理解。

在演化上屬於高等植物的草與樹木也是用類似的機制繁衍。不過某些植物的二倍體與單倍體，都能成長為我們肉眼可見的植物體。

蕨類是單倍體還是二倍體？

接著要介紹的，才是世代交替會讓人感到困惑的原因。以蕨類植物為例，我們平常看到的蕨類植物體是二倍體，這些個體會進行減數分裂，產生單倍體的孢子；孢子發芽、成長後，形成單倍體的植物體（原葉體）；原葉體會製造出卵細胞與精細胞，受精後就再變回二倍體，然後長成人們看到的蕨類植物體。

也就是說，蕨類的生活史當中有二倍體的階段，也有單倍體的階段，這兩個階段的蕨類都可以長成一定大小的植物體。就好比是人類的卵或精子能夠自行分裂複製，長成一個人的身體一樣。

通常我們看到的蕨類植物體是二倍體（二倍體期），與高等植物及動物類似；但如果是苔蘚植物，我們平時看到的植物本體（配子體）卻是單倍體（單倍體期），這些配子體上有藏卵器與藏精器，可製造卵細胞與精細胞。

當配子結合成受精卵後，會從配子體上面發育出二倍體的孢子體，接著行減數分裂產生單倍體的孢子，這些孢子會再散播出去，成長為新的配子體，完成整個生命週期。

植物生長史中出現了配子體、孢子體、二倍體期、單倍體期等專有名詞，乍看之下很難懂，不過只要記得，植物個體存在著二倍體世代以及單倍體世代，它們透過受精與減數分裂，使這兩種型態循環出現，理解起來就會簡單許多。

為什麼有些植物的本體是單倍體，有些則是二倍體呢？當然也有理由。

最初的生物並沒有區分性別，僅存在單倍體個體。在地球上還沒出現動物的遠古時代，那時只有單倍體植物，但在某些情況下，那些植物獲得了來自其他個體的基因，成為二倍體，結果更能適應環境，因此演化出性別之分，最後就成了必須藉由「交替出現二倍體－單倍體」的機制才能繁殖下一代的生物。

科學家認為，植物一開始應是以單倍體為本體，由本體製造配子，配子受精後再形成二倍體。但二倍體個體有兩套染色體，要是沒有進行減數分裂使染色體數目減半的話，就沒辦法變回單倍體，所以二倍體個體必須演化出能進行減數分裂的器官，所以植物在二倍體時期也會長成一個個體。

外星人又是如何？

前面說到了苔蘚的生活史，隨後演化出的蕨類植物與高等植物，都是以二倍體為本體，單倍體部分則退化。蕨類的單倍體變成了小小的原葉體，高等植物與動物的單倍體則只剩下卵細胞與精細胞。因此，苔蘚－蕨類－高等植物（動物）的轉變過程中，世代交替與染色體套數交替的情況，顯現了演化的歷史。

如果只是把「苔蘚的世代交替」、「蕨類的世代交替」等知識死背下來的話，並不會知道為何有這些現象，但只要知道生物的演化史與性別產生的機制，就能理解植物的世代交替了。當然，原葉體是指什麼，配子體又是指什麼，這些還是要記下來才行，但也遠比硬背下所有內容還簡單許多。

以前的人並不了解自然現象背後的脈絡，所以會把觀察到的每個案例各自分開描述，再試著從中歸納出原則。但現代生物學對這些事實已有很好的解釋，既然如此，依照生物演化的邏輯，理解世代交替的原理就會簡單許多。

另外，在電影《異形》中登場，看起來像甲殼動物的鱟、會抱著人臉的那種外星怪物，究竟是二倍體，還是單倍體呢？怪物的本體又是哪一種呢？

有此一說，這個怪物是以蕨類植物及苔蘚類植物為原型創造出來的，思考這樣的問題也別有一番樂趣。

你是二倍體？
還是單倍體呢？
咿～～

09 盡力獲取最大利益的雌雄之戰

雌雄之間的鴻溝

雌性與雄性需要一起繁衍下一代。或許你會認為，像人類一樣女性與男性彼此合作是理所當然的事。事實上，許多生物的雌性與雄性有各自獨立的遺傳資訊，也都是一個自我複製的單位，自己就是一個能發生演化的功能性單位。因此，雌性與雄性之間可以說是隔著一條既深又暗的鴻溝，某些時候會爆發激烈的爭鬥。

舉例來說，有一種蠅類在交配時，雄蟲不但會把精子注入雌性體內，還會一併注射毒素。中毒的雌蟲將變得虛弱，過沒多久就會死亡。如果雌蟲活久一點的話，不是能夠增加自己的後代嗎？為什麼雄蟲要這麼做呢？

然而這對雄蟲來說，是經過演化適應的行為。因為變得比較虛弱的雌蟲，會把身上的所有資源全都用來產卵，產卵數會比一般狀態下更多；如果雌蟲沒有中毒，牠可能會再找尋其他更有優勢的雄蟲交配，這麼一來，前一個交配過的雄蟲的精子就不會用來受精了。因此，對於雄蟲來說，把毒素注入雌蟲體內，可以確保自己的精子和卵結合成很多受精卵。

白蟻的蟻王與蟻后

雄性個體行動時並不考慮對方的情況，只有盡可能最大化自己的利益，聽起來很殘忍吧。但倫理道德畢竟是人類的價值觀，動物並不會依照這樣的價值觀行動。雌性個體也一樣，牠們和雄性個體打交道時，也是以自己的利益為優先。

白蟻與螞蟻及蜜蜂一樣也屬於社會性昆蟲，不過白蟻有個地方不同，那就是白蟻除了蟻后之外，也有蟻王，而且兩者會一直交配。具有生殖力的雄性與雌性白蟻會飛出巢外尋找伴侶，落地之後求偶配對，然後潛入朽木中生下有雌有雄的後代做為工蟻，形成第一批白蟻族群。不久後蟻后會變得肥大，做為不斷產下大量卵的產卵機器。

大和白蟻這一種白蟻在族群形成數年之後，蟻后會死去，只剩下蟻王。

此時，族群內的候補生殖蟻中，會有一隻成長為新的蟻后，這隻新蟻后會再和蟻王交配，生下新的工蟻。候補生殖蟻中會有好幾隻白蟻在未來成為蟻后，稱為候補蟻后；年老的蟻群中會有一隻蟻王與數十隻候補蟻后。候補蟻后是第一代蟻后的女兒，所以原本一般認為，在大和白蟻的族群中，蟻王會持續與女兒近親交配。

然而，這麼做會導致一個奇怪的結果。如果候補生殖蟻都是蟻王的女兒，就表示候補生殖蟻體內已有一半的基因來自蟻王，而這些候補生殖蟻再與蟻王交配，生下的有翅白蟻（可飛出巢外求偶的）就有大於二分之一的基因來自蟻王。

這表示，對於最初的蟻王和蟻后而言，父方會留下比較多的基因，母方卻只能留下少部分的基因。這個機制很不利於母方傳遞自己的基因，但大和白蟻卻演化出了這個機制，實在讓人覺得奇怪。

蟻后不會死亡？

不過近年來的研究指出，第一代女王運用一種驚人的方法，防止蟻王在傳遞基因上佔單方面的優勢。蟻后在產下工蟻與有翅白蟻時，是行有性生殖，使卵受精；不過在產下雌性候補生殖蟻時，不會讓卵受精，只把自己的基因傳遞給這些候補生殖蟻。

也就是說，蟻后在不同情況下，會選擇使用有性生殖或孤雌生殖（單性生殖）的方式來產下後代。這表示，候補蟻后的基因與牠的母親——第一代蟻后完全相同。蟻王和候補蟻后交配，以及和第一代蟻后交配，在遺傳上會得到一樣的結果，所以蟻后在基因傳遞上並沒有吃虧。即使我死了，還有替代者。蟻后在基因遺傳上可以說是達到永生。

這種雄性與雌性彼此需要，卻又各自演化的生物，會依照演化的原則，在激烈爭鬥中盡可能提高自己的基因在子代中的比例而繁衍。

10 雌雄不同種的生物

妙不可言的生物

某些特別的生物中，繁衍時需要雄性與雌性彼此合作，但互相之間卻有著激烈的競爭關係，甚至可以將這兩種性別的個體視為不同物種。

通常，行有性生殖時，雌性個體與雄性個體把自己的染色體分配到配子內，而且染色體會出現ＤＮＡ重組現象，然後雌雄的基因組合，長成子代。在相同物種的個體之間，不論雌雄，基因的種類應該完全相同才對，所以才叫做「同種」的生物。但生物界相當廣大，某些生物並不遵守這個規則。

有幾種螞蟻就是這樣，例如小火蟻、網家蟻等。牠們工蟻的基因是雄性與雌性配子混合而來，藉由有性生殖所生出的；然而蟻后會用孤雌生殖的方式來繁衍下一任女王，也就是製造自己的複製體。

網家蟻的基因分析顯示，雄蟻與雌蟻的基因序列相差很大。工蟻體內含有雌性與雄性親代的基因；雌蟻與女王有相同的基因型；雄蟻也只繼承雄性自己的基因型。

不管研究人員調查哪個地區的族群，都發現族群內雌蟻個體的基因彼此相同，雄蟻個體的基因也彼此相同，但兩者間有很大的差異。分析結果也顯示，雌性與雄性的基因在幾萬年前就已經分開演化了。這到底是怎麼回事？

雌蟻產下的卵會帶有雌蟻的基因，如果會發育成雄蟻的卵是由雌蟻產下的話，那麼雄蟻應該也會帶有雌蟻的基因才對，但這和「雄蟻只繼承雄性自己的基因」的事實矛盾。網家蟻的工蟻並不產卵，所以會發育成雄性的卵應該是由蟻后產下的才對。確實，蟻后生下的卵有一部分會發育成雄性。

遺傳上的實驗也證明了這一點。一般細胞內除了有細胞核的DNA之外，還有粒線體DNA，這是完全由母方傳遞下來的。由雄蟻粒線體DNA序列的研究，證實牠確實是從蟻后的卵中誕生。考慮到這些情況，推測雄性個體最初可能是「在某些理由下失去雌性基因的受精卵」，或者是「精子進入一個不含雌性基因的特殊卵後所得到的受精卵」。

雄性「生下兒子」

總的來說，蟻后會行孤雌生殖生下候補蟻后，而雄性精子的遺傳則會「生下兒子」。雌性與雄性有遺傳上的分離，基因互不相同，可以說是「不同物種」。雖說如此，受精卵卻可以發育成工蟻，這還真是個神奇的繁殖方式。

一般來說，雌性行孤雌生殖時不需要雄性，生物界中有許多這種只靠雌性繁殖的生物，所以族群內沒有雄性個體。像某些螞蟻的蟻后會以孤雌生殖的方式產下如複製體般的工蟻，雄蟻則完全消失。不過，網家蟻這類螞蟻則有保留雄蟻，在牠們的繁殖機制下，如果沒有混合雄性與雌性的基因，就無法生成工蟻，或許這就是網家蟻保留雄蟻的原因。

螞蟻為社會性動物，蟻后與雄蟻需要工蟻協助築巢、餵食、清潔等工作才可存活，要是沒辦法生出工蟻，蟻后與雄蟻很快就會死亡。網家蟻雌蟻與雄蟻的

DNA完全不同，但兩者必須結合，才能生出工蟻。雖然蟻后可以孤雌生殖，但不管蟻后的基因再怎麼排列組合都不會生出工蟻，所以無法只靠蟻后的孤雌生殖維繫族群。

於是蟻群就只有讓雄蟻「生下兒子」這個辦法了。在這個機制下，結果雌蟻與雄蟻就演化成了「不同物種」。

目前研究人員仍在持續研究這些螞蟻的基因，想更加了解這樣的繁殖機制。依照「基因會往對自己有利的方向演化」這個原則，這樣的繁殖機制基本上也不難理解。

要是沒有讓雌蟻與雄蟻的基因結合，就無法生出工蟻，這樣雌雄不同種的特殊情況，能讓族群延續。某種意義上，這種機制是偶然與必然之下的產物。

11 要戰鬥？還是要逃跑？

神經的機制

最初的生物毫無疑問是單細胞生物，隨著後來演化出多細胞生物，以及各種器官後，就需要一套能調控各個器官的機制，來應對各種狀況，神經系統就是其中一種調控機制。

神經系統由許多神經細胞相連而成。當神經細胞受到刺激後，會在細長部分（軸突）產生電訊號，往受刺激部位的兩端傳導訊號，但因為電位的關係，可以確保訊號最終只會往正確的一端傳遞，當傳導到神經細胞的末端時，會釋放出神經傳導物。

神經細胞上有特殊受體（屬於蛋白質結構），可以接受前一個神經細胞所釋放出來的神經傳導物，接受之後便會產生動作電位。

這個動作電位又再沿著軸突前進，直到神經細胞的末端，然後再釋放出神經傳導物，刺激下一個神經細胞。於是，神經細胞會一個接著一個釋放出神經傳導物，把動作電位傳遞下去。不管是哪個位置受到刺激，神經細胞只會往一個方向傳遞動作電位。

由於神經細胞只會往某個特定方向傳遞動作電位，所以接收感覺刺激的末端組織與做為中樞的大腦之間，需要兩套方向相反的神經迴路，一套用來把刺激傳到大腦，另一套把大腦的指令傳到末端組織採取行動。

交感神經與副交感神經

如果是肌肉的運動，具有上述的兩套神經迴路就夠了，不過如果要調控擁有特定功能的器官時，就必須準備兩種不同的神經系統，一種用來刺激器官活動，另一種用來抑制器官活動，這就是所謂的交感神經與副交感神經。

這兩種神經系統可以作用在各種器官上，刺激或抑制活動，作用效果如下頁表５所示。

“表5”

	交感神經	副交感神經
心率	心跳加快	心跳減慢
血壓	上升	下降
呼吸運動	變快	變慢
消化作用	抑制	促進
血糖	上升	下降
瞳孔	放大	縮小
血管	收縮	擴張
肌肉組織	血流量增加	血流量減少
生殖器官	血流量減少	血流量增加

原則上，交感神經會讓血壓升高，使血液流量增加，卻會使消化道與生殖器的血液流量下降。因此，讀到這個部分時，必須一一記憶這兩種神經對每個器官的作用，項目相當多，令人覺得麻煩。

不過，若從演化的觀點來看交感神經與副交感神經的作用，就不必硬把這張表死背下來了。

一言以蔽之，在遭遇敵人或碰上各種緊急狀況時，交感神經會興奮；相對的，緊急狀況解除時，副交感神經會興奮，只要記得這個原則就可以了。由這個原則可以推論出表中每一項結果。

遭遇敵人時，不管是要戰鬥還是要逃跑，身體都會盡可能把血液送往運動器官，所以增加心率，使血壓上升；為了看清楚對方，所以瞳孔會放大；為了獲得運動必須的氧氣，便會使呼吸加速。

同時，交感神經會抑制消化器官與生殖器官等與爭鬥無關之器官的血液流量。因此只從「促進血液流量」的觀點無法完全解釋交感神經的功能，但從前面的例子就能理解交感神經運作的原則。而副交感神經的功能就是解除交感神經的作用。

這麼一來，我們就可以預測其他未列在表中的器官在交感／副交感神經的作用下會有什麼反應了。也就是說，不須硬背各種器官的反應方式，只要想想看各種器官在緊急情況下應如何運作就可以了。

生物是經過天擇後，留下來能適應環境的個體，因此碰上不同狀況時，生物擁有的系統應能調控身體做出適當反應，從這個角度來看，原本看似複雜的交感神經－副交感神經的作用，會變得簡單許多。

這樣的想法十分合理，但目前的教科書常無視這樣的想法，僅將各種現象條列出來。這只會讓讀到這些知識的孩子們遠離生命現象的樂趣。

結語

知道原因便能理解內容

本書說明了該從什麼樣的角度來理解各種生命現象。生命會表現出多彩多姿的樣貌，最初的生命誕生後，是一個能夠自立的功能性單位，它依循演化的原理，持續不斷改變。

可是，為什麼如此多樣化呢？這些情況一定有它的理由在。生物會改變特性以適應環境，讓自己更容易生存下來，最後族群內所有個體都會趨向同樣的特性，這是「其中一個原則」。

同時，為了達到這個目的，生物會盡可能蒐集各種可用的材料，增加自己的優勢，這是「另一個原則」。生物便是在這兩個原則之下，表現出了如此豐富的樣貌與行為。

因此，生物除了往最能適應環境的方向演化之外，也會演化出具豐富多樣性的物種。這就是為什麼生物學那麼複雜的原因。

◇

在高中的生物教科書中，往往列出了各種生命現象，卻沒有描述背後的脈絡，學生們只能死背這些堆積如山的內容。我以前學習生物的時候，心中總有很大的不滿。為什麼我要記那麼多內容呢？

不過，在我專注研究演化學後，便能理解貫串整個生物學的道理。原來生物學中的每一個項目，都可以整理成很好理解的形式。

這本書提出了一些思考方式，希望能盡可能串聯起生命世界中多彩多姿的現象，方便讀者們理解。

學問的本質並非只將各式各樣的現象條列出來、一一描述，而是要將各個項目之間的關係整理歸納出一致性的理論，建構出一套知識體系，讓人們理解。在這層意義上，高中生物教科書實在不能說是「生物學」的教科書。

「演化」這個極端重視原因的學問相當適合我。以演化為基礎，思考生物學中的問題時，那些原本看起來很複雜而難以理解的條列式資訊，便能夠組織成很好理解記憶的形式。不過，對於那些實際在第一線教學的生物老師來說，做不到這點也無可厚非。

這是因為，不管是高中還是大學，生物課上幾乎都沒有談到演化的原理。所以，不管是生物老師，還是撰寫教科書的作者，都沒辦法從「演化」的觀點出發去理解生命世界令人驚嘆的多樣性。這件事本身很讓人吃驚，但遺憾的是，這是日本的現實。

每件事必定都有原因。做學問的目標就是去闡明這個自然世界形成的原因。沒有原因的事物無法理解，也無法被記住，如果照著舊式方法教生物的話，只會讓討厭生物的人愈來愈多，這是我們目前要面對的一大問題。

◇

本書可以說是對現狀的小小抵抗。當然，我不可能馬上改變現行生物科的教育方式及教科書的寫法。不過，讀到這本書的人，或許能認識到原來生物學是這樣的學問、理解到生物學如此的有道理。另外，如果讀者是想在生物這科拿高分的高中生，也可能幫助你們讀懂生物學，這樣本書也就值得了。

生物一點也不難，雖然生物有驚人的多樣性，但生物皆是在非常單純的原理，以及基本的物理與化學條件下演化而來的。只要慢慢抽絲剝繭，就能逐漸明白生命謎團的真相。畢竟生物學是一門「學問」。

感謝企劃、編輯本書的田畑博文先生，寫作本書時受了你很多幫助。我想藉著這個機會感謝在我學習生物的路途中，引導我理解生物學觀點的許多人們。

長谷川英祐

BOOK REPUBLIC
讀書共和國
快樂文化
Happy Publishing House
有趣到睡不著
004

有趣到睡不著的生物學：螞蟻和人工智慧有關？

作者：長谷川英祐／繪者：封面-山下以登、內頁-宇田川由美子／譯者：陳朕疆
責任編輯：許雅筑／封面與版型設計：黃淑雅
內文排版：立全電腦印前排版有限公司

快樂文化
總編輯：馮季眉／主編：許雅筑
FB粉絲團：https://www.facebook.com/Happyhappybooks/

出版：快樂文化/遠足文化事業股份有限公司
發行：遠足文化事業股份有限公司（讀書共和國出版集團）
地址：231新北市新店區民權路108-2號9樓／電話：（02）2218-1417
電郵：service@bookrep.com.tw／郵撥帳號：19504465
客服電話：0800-221-029／網址：www.bookrep.com.tw
法律顧問：華洋法律事務所蘇文生律師

印刷：成陽印刷股份有限公司／初版一刷：西元2020年11月／定價：360 元
初版六刷：西元2024年2月
ISBN：978-986-99532-2-1 (平裝)

國家圖書館出版品預行編目（CIP）資料

有趣到睡不著的生物學：螞蟻和人工智慧有關？/ 長谷川英祐著；陳朕疆譯. -- 初版. -- 新北市：快樂文化出版：遠足文化發行, 2020.11
面； 公分
譯自：面白くて眠れなくなる生物学
ISBN 978-986-99532-2-1(平裝)
1.生物 2.通俗作品
360 109016061